Zmar Modaber

Planqualität und Planlieferung

Zmar Modaber

Planqualität und Planlieferung

Auswahleffekte von Vertragstypen und der Planlieferungsmethode auf die Planqualität im Bauwesen

Lehrbuchverlag

Imprint
Any brand names and product names mentioned in this book are subject to trademark, brand or patent protection and are trademarks or registered trademarks of their respective holders. The use of brand names, product names, common names, trade names, product descriptions etc. even without a particular marking in this work is in no way to be construed to mean that such names may be regarded as unrestricted in respect of trademark and brand protection legislation and could thus be used by anyone.

Cover image: www.ingimage.com

Publisher:
Der Lehrbuchverlag
is a trademark of
Dodo Books Indian Ocean Ltd. and OmniScriptum S.R.L publishing group

120 High Road, East Finchley, London, N2 9ED, United Kingdom
Str. Armeneasca 28/1, office 1, Chisinau MD-2012, Republic of Moldova, Europe
Managing Directors: Ieva Konstantinova, Victoria Ursu
info@omniscriptum.com

Printed at: see last page
ISBN: 978-620-0-45039-5

Danksagung

An dieser Stelle möchte ich allen Personen danken, die mich während meines Studiums und bei der Erstellung meiner Masterarbeit unterstützt haben. Mein besonderer Dank gilt meiner Familie, die mir stets den nötigen Rückhalt gegeben hat.

Für die fachliche Unterstützung möchte ich mich bei meinen Betreuern, Herrn Bmstr. Dipl.-Ing. Markus Gmoser und Herrn Bmstr. Dipl.-Ing. Christoph Kühbacher, bedanken. Ebenso gilt mein Dank Frau DI Lela Petrovic für das Korrekturlesen meiner Arbeit.

Abschließend möchte ich meinem verstorbenen Vater, Herrn Univ.-Prof. Abdullah Modaber, MSc., meinen tiefen Dank aussprechen. Er hat mich stets inspiriert und motiviert, meinen akademischen Weg weiterzuverfolgen. Sein Glaube an die Kraft der Bildung hat mich bis zu diesem Abschluss geführt und wird mich weiterhin leiten und inspirieren.

Kurzfassung

Die Qualität von Bauplänen ist ein zentraler Erfolgsfaktor für die reibungslose Abwicklung von Bauprojekten – von der Ausschreibung bis hin zur Ausführung. Eine hohe Planqualität trägt maßgeblich zur erfolgreichen Projektdurchführung bei und hilft, Leistungsstörungen sowie Nachträge zu vermeiden. Diese Masterarbeit untersucht umfassend das Thema der Planqualität und Planlieferung im Bauwesen, wobei besonderes Augenmerk auf die Auswirkungen verschiedener Vertragstypen und Planlieferungsmethoden gelegt wird.

Im Rahmen der Arbeit werden sowohl klassische Vertragsmodelle wie die ÖNORM B 2110:2023, die ÖNORM B 2118:2023 und das Allgemeine Bürgerliche Gesetzbuch (ABGB) als auch moderne Vertragsformen wie Partnering, Allianzverträge und Design-Build ausführlich erläutert. Dabei wird untersucht, wie diese Verträge die Planqualität beeinflussen und welche bauwirtschaftlichen Folgen durch mangelhafte Planqualität oder verspätet gelieferte Pläne entstehen können.

Zur Ergänzung der theoretischen Analysen wurde eine Expert*innen-Umfrage durchgeführt, deren Ergebnisse mit der aktuellen Fachliteratur verglichen werden. Die Umfrage liefert Einblicke in die Praxis des österreichischen Bauwesens, insbesondere in Bezug auf die Verbreitung und Anwendung moderner Projektabwicklungsmethoden wie Lean Construction und Building Information Modeling (BIM). Es wird beleuchtet, in welchem Umfang diese Methoden in der Praxis genutzt werden, welche Vor- und Nachteile sie aus Sicht der befragten Expert*innen mit sich bringen und wie mit Planänderungen sowohl in der Theorie als auch in der Praxis umgegangen wird.

Abschließend werden die Ergebnisse der Umfrage, die den aktuellen Status quo der Planqualität und -lieferung in Österreich widerspiegeln, mit den Annahmen aus der Literatur verglichen und gegenübergestellt.

Schlagwörter: Planqualität, Planlieferung, Vertragstypen, Umfrage, Lean Construction, BIM, Nachträge

Abstract

The quality of construction plans is a critical success factor for the smooth execution of construction projects, from tendering to completion. High plan quality significantly contributes to the successful implementation of projects and helps to avoid performance disruptions and claims. This master's thesis comprehensively examines the topic of plan quality and delivery in the construction industry, with a particular focus on the effects of different contract types and plan delivery methods.

The thesis thoroughly discusses both traditional contract models, such as the ÖNORM B 2110:2023, ÖNORM B 2118:2023, and the Austrian Civil Code (ABGB), as well as modern contract forms, including partnering, alliance contracts, and design-build. The study explores how these contracts influence plan quality and the economic consequences of poor plan quality or delayed plan delivery.

To complement the theoretical analysis, an expert survey was conducted, and its results were compared with the current literature. The survey provides insights into the practice of the Austrian construction industry, particularly regarding the adoption and application of modern project delivery methods such as Lean Construction and Building Information Modeling (BIM). It examines the extent to which these methods are used in practice, their advantages and disadvantages from the perspective of the surveyed experts, and how plan changes are managed in both theory and practice.

Finally, the survey results, which reflect the current status quo of plan quality and delivery in Austria, will be compared and contrasted with the assumptions from the literature.

Keywords: plan quality, plan delivery, contract forms, survey, lean construction, BIM, claim management

Abkürzungsverzeichnis

AG	Auftraggeber*in
AN	Auftragnehmer*in
ABGB	Allgemeines bürgerliches Gesetzbuch
BTB	Bautagesbuch
GU	Generalunternehmer
GÜ	Generalübernehmer
TU	Totalunternehmer
TÜ	Totalübernehmer
MZF	Mehrzeitforderung
MKF	Mehrkostenforderung
ÖNORM	österreichische Norm
IPD	Integrated Project Development
LC	Lean Construction
BIM	Building Information Modeling
LPS	Last Planner System
OGH	Oberster Gerichtshof
EHPV	Einheitspreisvertrag
LPDS	Lean Project Delivery System
ÖBA	Örtliche Bauaufsicht

Inhaltsverzeichnis

1 Einleitung

Die Planqualität und -lieferung spielen eine entscheidende Rolle in der Bauwirtschaft und beeinflussen maßgeblich den Erfolg oder Misserfolg eines Projektes. Eine hohe Planqualität gewährleistet einen reibungslosen Projektablauf, minimiert das Risiko von Ausführungsfehlern und trägt somit wesentlich zur termingerechten Baufertigstellung und zu einer kosteneffizienten Ausführung bei. Wenn sowohl der Terminplan als auch die Qualität der Planlieferungen eingehalten werden, können Projekte mit weniger Mehrkostenforderungen (MKF) und Streitigkeiten abgeschlossen werden.

Zeitgerechte Planlieferung bedeutet somit nicht nur die fristgerechte Fertigstellung des Bauvorhabens, sondern auch eine Optimierung der gesamten Projektkosten. Verzögerungen bei der Planlieferung haben hingegen weitreichende negative Folgen auf den Baufortschritt und auf die Kostenkontrolle. Daher sind eine qualitative sowie normgerechte Planung und zeitgerechte Planlieferung unerlässlich. Um diesen Anforderungen gerecht zu werden, müssen moderne und innovative Ansätze der Planlieferung und -darstellung eingesetzt werden.

Darüber hinaus spielen Vertragstypen und die gewählte Projektabwicklungsform eine entscheidende Rolle, da diese die Planqualität sowie -lieferung unterschiedlich beeinflussen können. Ein klar definierter Verantwortungsbereich (Sphärenzuordnung) innerhalb der Verträge trägt wesentlich dazu bei, die Planqualität sowie eine rechtzeitige Planung mit ausreichenden Vorlauffristen sicherzustellen und somit die Konflikte zwischen den Vertragspartner*innen zu minimieren. Die Strukturierung der Planlieferungen und die Einhaltung von Vertragsterminplänen für Planfreigaben und -lieferungen sind zentrale Aspekte, die in jedem Bauprojekt berücksichtigt werden müssen. Der Einsatz innovativer

Planlieferungsmethoden kann dabei helfen, diese Herausforderungen zu bewältigen und die Planqualität sowie die termingerechte Lieferung zu gewährleisten.

1.1 Problemstellung

Die Baubranche sieht sich zunehmend mit vielfältigen Herausforderungen konfrontiert, welche die Effizienz und Qualität von Bauprojekten beeinträchtigen. Eine wesentliche Problematik ist der zunehmende Termindruck auf die Fertigstellung, der zu kürzeren Bau- bzw. Projektzeiten führt und die Ressourcenplanung sowie die Projektausführung erschwert. Gleichzeitig gibt es einen signifikanten Mangel an Fachpersonal im Bauwesen, was die Kapazitäten zur Bewältigung der anspruchsvollen Aufgaben weiter einschränkt.

Ein weiteres Problem, das häufig aus der Praxis berichtet wird, ist die mangelhafte Planqualität und die nicht zeitgerechte Planlieferung. AG sowie AN klagen vermehrt über unzureichende und verspätete Planungsunterlagen, was zu Verzögerungen und erhöhten Kosten führt. Eine normgemäße Plandarstellung gemäß ÖNORM B 6240:2018 wird oft nicht erreicht, was zusätzliche Komplikationen und Missverständnisse während der Bauausführung nach sich zieht [Gmoser, 2018, S. 344]. Beispielsweise stellt sich oft die Frage bei großen Bauprojekten, bei denen der AG auch die Planungsleistungen für einzelne Gewerke vergibt, wie detailliert und hochwertig die vom AG bereitgestellten Planunterlagen sein müssen. In den Verträgen wird häufig festgelegt, dass die Ausführungsplanung des AN auf die Führungs- bzw. Ausführungsplänen des AG basieren sollen. In den meisten Fällen bleibt jedoch unklar, welche Detailgenauigkeit und Qualität die Pläne des AG aufweisen müssen. Jedoch ist für den AN wichtig, welche Planungsleistung er vom AG erwarten kann, da detaillierte (vollständige) und richtige Pläne seinen Aufwand reduzieren. Fehlt eine konkrete Regelung im Vertrag, wird es problematisch, wenn die Pläne des AG unvollständig oder mangelhaft sind, beispielsweise wenn Schnittstellen zwischen Gewerken nicht ausreichend definiert sind. In solchen Fällen ist oft umstritten, wer die Kosten für die zusätzliche Planung trägt, wenn der Vertrag keine klare Vorgabe zu den übergebenden Plänen definiert [Müller, 2016, S. 27].

Deshalb spielen Bauverträge eine entscheidende Rolle, da sie die Verantwortungsbereiche der Vertragspartner*innen regeln. Der jeweilige Vertragstyp und die gewählte Projektabwicklungsmethode bestimmen, ob der AG oder der AN für die Planung verantwortlich ist [Gmoser, 2018, S. 344]. Dies kann erheblichen Einfluss auf den Planungs- und Bauprozess haben und zu weiteren Konflikten führen oder diese vermeiden.

1.2 Ziel der Arbeit

Die vorliegende Masterarbeit zielt darauf ab, die Auswirkungen mangelhafter Planqualität auf Bauprojekte zu untersuchen. Dabei wird auch die Bedeutung normgemäßer Plandarstellungen und klar definierter Verantwortungsbereiche in Bauverträgen analysiert. Ziel ist es, den aktuellen Stand bzw. Meinung über den Einfluss der Planlieferung und Planqualität auf den Projekterfolg sowohl in der Literatur als auch in der Praxis zu erheben und zu analysieren. Es soll untersucht werden, welche Faktoren die Planqualität und -lieferung am stärksten beeinflussen. Besonderes Augenmerk wird dabei auf die Planqualität und die Lieferungsrisiken gelegt, die aus der Sphäre des Auftraggebers stammen.

Durch eine umfassende Literaturrecherche werden die verschiedenen Ansätze analysiert und ihre Vor- und Nachteile aufgezeigt. Eine anschließende empirische Untersuchung soll feststellen, ob die oft beklagte schlechte Planqualität in der Praxis tatsächlich vorhanden ist. Durch die Gegenüberstellung von theoretischen Erkenntnissen mit praktischen Erfahrungen soll ein detailliertes Bild der aktuellen Situation im Bauwesen entstehen.

1.3 Aufbau der Arbeit

Diese Masterarbeit beginnt mit einer Einführung, die allgemeine Informationen über das Thema liefert. Zunächst werden in den allgemeinen Grundlagen die grundlegenden Begriffe erläutert, die für das Verständnis der Arbeit notwendig sind. Anschließend wird die Basis des Bauvertragswesens im österreichischen Bauwesen beschrieben. Eine Gegenüberstellung der Sphärentheorie nach ABGB und den relevanten ÖNORMEN rundet dieses Kapitel ab.

Danach erfolgt eine umfassende Literaturrecherche der verschiedenen Vertragstypen und Planlieferungsmethoden im Bauwesen. Es werden sowohl traditionelle als auch alternative Verträge und Planlieferungsmethoden eingehend analysiert und hinsichtlich ihrer Bestimmungen zur Planqualität und -lieferung miteinander verglichen. Im nächsten Kapitel wird die Planqualität und -lieferung in der Projektabwicklung thematisiert. Die Leser*innen erhalten einen Überblick über moderne bzw. digitale Methoden der Projektabwicklung, wie Building Information Modeling (BIM), Lean Construction-Methoden und Design-Build.

Anschließend werden die bauwirtschaftlichen Folgen mangelhafter Planqualität und unzureichender Planlieferung aufgezeigt, um die Bedeutung dieser Faktoren für den Erfolg von Bauprojekten zu verdeutlichen. Es wird erläutert, wie unzureichende Pläne zu Verzögerungen, erhöhten Kosten und Konflikten zwischen den Vertragspartner*innen führen können. Diese Analyse betont die kritische Rolle einer qualitativ hochwertigen und zeitgerechten Planlieferung als Voraussetzung für eine erfolgreiche Projektdurchführung. Im weiteren Verlauf der Arbeit wird eine empirische Untersuchung mittels einer Mischung aus quantitativen und qualitativen Umfragen durchgeführt. Der dafür entwickelte Fragebogen dient der Erhebung praxisrelevanter Daten zur Planqualität und -lieferung. Diese Umfrage richtet sich an Expert*innen und Praktiker*innen im Bauwesen (AN-Seite), um deren Erfahrungen und Einschätzungen zu erfassen. Die erhobenen Daten liefern wertvolle Einblicke in die aktuelle Praxis und beleuchten die Herausforderungen, denen Bauprojekte in Bezug auf Planqualität und -lieferung gegenüberstehen, und dient zur Statuserhebung.

Abschließend werden die Ergebnisse aus der Sicht der Auftragnehmer*in mit den theoretischen Erkenntnissen aus der Literatur verglichen. Durch diese Gegenüberstellung von Theorie und Praxis können fundierte Aussagen über die tatsächlichen Auswirkungen von Vertragstypen und Planlieferungsmethoden auf die Planqualität getroffen werden. **Ziel der Arbeit ist es, die Zusammenhänge und Einflussfaktoren besser zu verstehen und Ansatzpunkte zur Verbesserung der Planqualität im Bauwesen aufzuzeigen.**

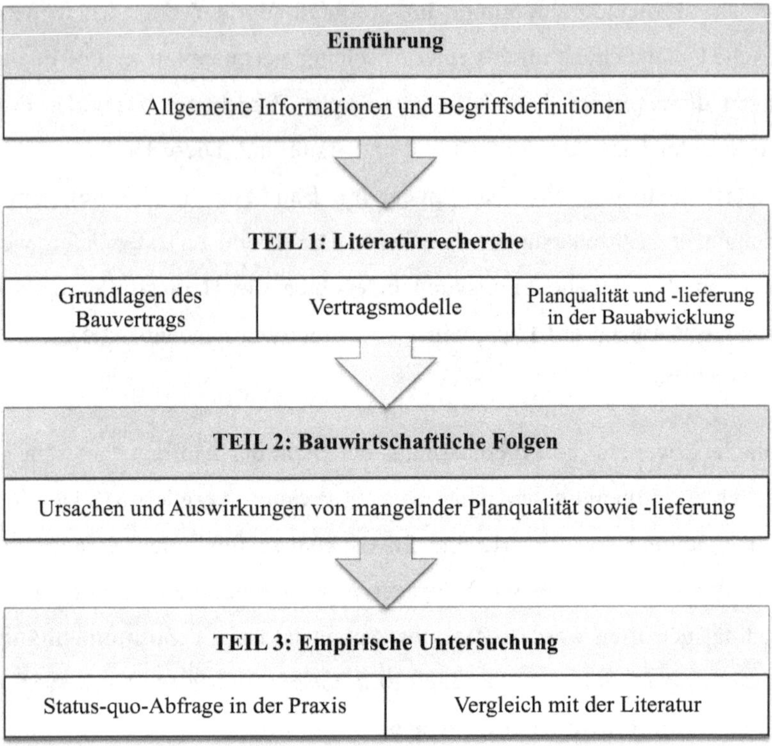

Abb. 1.1: Aufbau der Masterarbeit, Quelle: [eigene Darstellung]

1.4 Methodik der Arbeit

Um die Ziele dieser Masterarbeit zu erreichen, wurde umfassende Fachliteratur zu den relevanten Themenbereichen gesichtet, interpretiert und bewertet. Dabei wurden insbesondere die Rechtsgrundlagen des Bauvertragswesens sowie einschlägige Normen, Richtlinien und andere relevante Vorschriften analysiert. Es wurden Informationen aus branchenspezifischer Fachliteratur gesammelt und die relevanten ÖNORMEN berücksichtigt, darunter:

- ÖNORM B 2110:2023 „Vertragsbestimmungen für Bauleistungen“
- ÖNORM B 2118:2023 „Allgemeine Vertragsbestimmungen für Bauleistungen unter Anwendung des Partnerschaftsmodells, insbesondere bei Großprojekten“
- ÖNORM B 6240:2018 „Plandarstellung“
- Gesetzliche Vorgaben wie das ABGB „Allgemeines Bürgerliches Gesetzbuch“ und das BVerG „Bundesvergabegesetz“

Neben der Literaturrecherche wurde eine empirische Untersuchung in Form einer Online-Umfrage durchgeführt. Dazu wurde ein Interviewleitfaden entwickelt, die eine Kombination aus qualitativen und quantitativen Forschungsfragen umfasste. Die qualitative Methode bestand aus offenen Fragen, die den Teilnehmer*innen die Möglichkeit zur ausführlichen Beantwortung boten. Die quantitative Methode umfasste geschlossene Fragen mit standardisierten Antwortmöglichkeiten [SurveyMonkey.com].

Die Wahl der Methode für die Experten*innenumfrage sowie der Ablauf der Datenerhebung und -aufbereitung werden im Kapitel 6 „Empirische Untersuchung“ detailliert beschrieben. Diese Vorgehensweise ermöglichte es, sowohl tiefgehende qualitative Einblicke als auch quantitativ messbare Daten zu gewinnen, um ein umfassendes Bild der Planqualität und Planlieferung im Bauwesen zu zeichnen. Durch die Kombination von theoretischer Analyse und empirischer Forschung soll ein fundiertes Verständnis der aktuellen Herausforderungen und Optimierungspotenziale in der Baupraxis, insbesondere in Österreich, erreicht werden.

2 Allgemeine Grundlagen

In diesem Abschnitt werden die allgemeinen vertraglichen Grundlagen nach ABGB und ÖNORM B 2110:2023 behandelt. Zunächst werden die erforderlichen Begriffsbestimmungen erläutert, die für das bessere Verständnis der vorliegenden Masterarbeit notwendig sind. Anschließend werden die rechtlichen Grundlagen nach ABGB sowie die normativen Grundlagen des Bauvertrags nach ÖNORM B 2110:2023 bzw. B 2118:2023 beschrieben. Abschließend erfolgt ein Vergleich zwischen dem ABGB und den beiden ÖNORMEN.

2.1 Begriffsdefinitionen

In den nächsten Abschnitten werden die wichtigsten Begriffe und Definitionen erläutert, die zum Verständnis dieser Arbeit erforderlich sind.

2.1.1 Sphäre

Die Sphäre ist in der Bauwirtschaft nach ÖNORM B 2110:2023 „Die allgemeinen Vertragsbestimmungen für Bauleitungen“ bzw. ÖNORM B 2118:2023 „Die allgemeinen Vertragsbestimmungen für Bauleitungen unter Anwendung des Partnerschaftsmodells, insbesondere bei Großprojekten“, als **„Risikobereich des jeweiligen Vertragspartners“** definiert. In diesen Normen ist auch die Sphärenzuordnung geregelt, was bedeutet, dass sie die Verteilung der Risiken zwischen Auftraggeber*in und Auftragnehmer*in regeln [ÖNORM B 2110, 2023, S. 9].

2.1.2 Leistungsabweichung

Der Begriff der Leistungsabweichung wird in der ÖNORM B 2110:2023 und B 2118:2023 unter Punkt 3.7 als *„Veränderung des Leistungsumfanges entweder durch eine Leistungsänderung oder durch eine Störung der Leistungserbringung“* definiert [ÖNORM B 2110, 2023, S. 8].

Die Begriffe „Leistungsänderung“ und „Leistungsstörung“ werden im Folgenden erklärt.

2.1.2.1 Leistungsänderung

Nach Punkt 3.7.1 der ÖNORM B 2110:2023 bzw. B 2118:2023 wird eine Leistungsänderung als eine vom AG angeordnete Leistungsabweichung definiert. Beispiele dafür sind vom AG angeordnete Änderungen der Qualität [ÖNORM B 2110, 2023, S. 8].

2.1.2.2 Störung der Leistungserbringung

In der ÖNORM B 2110:2023 und B 2118, Punkt 3.7.2, wird die Störung der Leistungserbringung als eine Leistungsabweichung definiert, die weder der Sphäre des AN zugeordnet noch als Leistungsänderung betrachtet wird. Eine Leistungsabweichung ergibt sich aus einer Änderung des Bau-Solls [ÖNORM B 2110, 2023, S. 8].

2.1.3 Unvorhersehbare Ereignisse

Im Bauwesen gelten als unvorhersehbare Ereignisse solche, die bei Vertragsabschluss nicht absehbar waren und außerhalb der Einflussmöglichkeiten der Vertragspartner*innen liegen. Dazu gehören Einflüsse auf das Projekt und Umstände wie etwa Lockdowns, während der Covid-19-Pandemie, Krieg und Naturkatastrophen, die von keinem bzw. keiner Vertragspartner*in gesteuert werden können [Müller, 2016, S. 43].

Die Sphärenordnung unvorhersehbarer Ereignisse wird nach den Regeln des ABGB und die Bestimmungen der ÖNORMEN B 2110:2023 und B 2118:2023 in weiteren Kapiteln ausführlich beschrieben.

2.1.4 Erschwernisse

Als Erschwernisse werden Umstände bezeichnet, die aus der Sphäre des AG stammen und das Bau-Soll unvorhergesehen erschweren oder verzögern können. Diese können sowohl in einer Veränderung des Leistungsumfangs als auch in den Bedingungen für die Durchführung der Arbeiten liegen. In allen Fällen erhöht sich der Aufwand des AN, was zusätzliche Mehrkostenforderungen aufgrund der Erschwernisse zur Folge hat [Müller, 2016, S. 16].

2.1.5 Behinderung

Als Behinderungen werden Umstände bezeichnet, die die Durchführung der geplanten Bauarbeiten unterbrechen oder verzögern (z. B. Planlieferverzug, der den kritischen Weg beeinflusst) [Gmoser, 2023, S. 121]. Der Begriff „Behinderung“ ist zunächst neutral und weist keine direkte Zuordnung zu den Verantwortungsbereichen der Vertragspartner*innen auf. Daher muss bei Auftreten eines unvorhersehbaren Ereignisses zunächst geklärt werden, welcher der beiden Sphären es zugeordnet wird. Der AN hat Anspruch auf eine Verlängerung der Bauzeit und die Erstattung zusätzlicher Kosten, wenn die Behinderung nicht seiner

Sphäre zuzurechnen ist. Behinderungen stellen eine spezifische Form der Störung der Leistungserbringung dar [Müller, 2016, S. 15].

2.1.6 Planlieferverzug

Planlieferverzug beschreibt die Situation, in der die vom AG oder seiner beauftragten Personen zu liefernden Bauplänen oder technischen Unterlagen nicht rechtzeitig oder vollständig vorliegen. Diese Pläne sind für die Ausführung der Bauarbeiten unerlässlich. Ihr Fehlen oder verspäteter Eingang kann zu Verzögerungen, zusätzliche Kosten und erhöhten Koordinationsaufwand führen [Müller, 2016, S. 207].

2.1.7 Pönale

Pönalen oder Vertragsstrafen dienen dazu, die Einhaltung der vertraglichen Verpflichtungen sicherzustellen. Sie sind besonders relevant für die termingerechte Erfüllung und die Einhaltung von Qualitätsstandards. Bei Verstößen gegen die vereinbarten Vertragsbedingungen wird ein Pönale fällig, die als Entschädigung für den AG und als Anreiz für den AN dient, die vertraglich vereinbarten Leistungen ordnungsgemäß zu erbringen [Allram, 2021, S. 116].

Die Vertragsstrafe ist in § 1336 ABGB „Allgemeines bürgerliches Gesetzbuch" und unter dem Punkt 11.3.2 der ÖNORM B 2110:2023 „Allgemeine Vertragsbestimmungen für Bauleistungen" geregelt [ÖNORM B 2110, 2023, S. 41].

2.1.8 Prüf- und Warnpflicht

Im Abschnitt 6.2.4 der ÖNORM B 2110 bzw. B 2118 ist festgelegt, dass der AN die Pflicht hat, die ihm vom AG bereitgestellten Materialien, Vorleistungen,

Ausführungsunterlagen und erteilten Anweisungen so bald wie möglich zu prüfen und erkennbare Mängel dem AG unverzüglich schriftlich mitzuteilen [ÖNORM B 2110, 2023, S. 19].

2.1.9 Leistungsbeschreibung

Die Leistungsbeschreibung ist ein wichtiger Bestandteil eines Bauvertrages, welche die zu erbringende Leistung des AN detailliert festlegt. Sie beschreibt genau, welche Arbeiten ausgeführt werden sollen und dient als in der Regel als Grundlage für Erstellung von Ausschreibungen. In der Ausschreibung werden nach genau festgelegten Bestimmungen die Leistungen zusammengestellt und beschrieben, die für das ausgeschriebene Vorhaben zu erbringen sind.

Es gibt zwei Formen von Leistungsbeschreibung:

- konstruktive Leistungsbeschreibung und
- funktionale Leistungsbeschreibung.

Bei einer funktionalen Leistungsbeschreibung wird auf ein detailliertes Leistungsverzeichnis verzichtet und basiert auf einer Funktionsbeschreibung wie für das geplante Gebäude (z. B. Kindergarten, Schulen usw.) und fordert vom bzw. von der Bieter*in eine eigenständige Planung als Teil des Angebots. Die funktionale Ausschreibung zielt darauf ab, die optimalste Lösung in technischer, wirtschaftlicher und gestalterischer Hinsicht sowie in Bezug auf die Funktonalität zu ermitteln [Kullack, 2012, S. 69].

Eine konstruktive Leistungsbeschreibung ist eine klare, vollständige und neutrale Beschreibung der zu erbringende Leistung. Sie umfasst Angaben zur Konstruktionsart, den zu verwendenden Materialien, den Maßen und der Menge.

Die Leistungsbeschreibung muss technische Spezifikationen enthalten, die so formuliert sind, dass die Vergleichbarkeit der Angebote gewährleistet wird. Üblicherweise wird die Leistung durch eine allgemeine Darstellung der Aufgabe (wie in der Baubeschreibung) und ein detailliertes Leistungsverzeichnis strukturiert beschrieben. Dieses Verzeichnis kann gegebenenfalls durch Pläne, Zeichnungen, Modelle, Muster, Proben, statische Berechnungen und Hinweise auf ähnliche Leistungen ergänzt werden. Dadurch werden die Dimension und Qualität der Leistung in den einzelnen Positionen des Leistungsverzeichnisses präzise festgelegt. Als Vorlage können hierbei die standardisierte LB-HB (Leistungsbeschreibung Hochbau), standardisierte LB-VI (standardisierte Leistungsbeschreibung Verkehr und Infrastruktur), standardisierte LB-HAT (Standardisierte Leistungsbeschreibung Haustechnik) usw. verwendet werden [Paulitsch, 2020, S. 59–64].

Um eine Leistungsbeschreibung zu erstellen, sind eine Vielzahl an Informationen notwendig. Der Detaillierungsgrad dieser Informationen ist maßgebend für die Genauigkeit der später erstellten Leistungsbeschreibung und dem darauf basierenden Angebot, welches als Vertragsgrundlage für den Bauvertrag oder Werkvertrag dient [ÖNORM A 2063, 2021].

Um das Verständnis für die Bedeutung von Planqualität und -lieferung in der Baupraxis sowie im Bauvertrag zu vertiefen, werden in den kommenden Kapiteln die gesetzlichen sowie normativen Regelungen, auf welche Bauverträge basieren, ausführlich erläutert. Insbesondere wird auf die Risikoverteilung der Vertragspartner*innen eingegangen.

2.2 Grundlagen des Bauvertrags

Unter einem Bauvertrag wird ein Vertrag verstanden, durch den sich der bzw. die Werkunternehmer*in gegenüber dem bzw. der Werkbesteller*in zur Erbringung einer vereinbarten Leistung gegen Entgelt verpflichtet. Dabei ist es unerheblich, ob der AN die Leistung persönlich erbringt oder einen Dritten mit der Ausführung beauftragt [Gmoser, 2023, S. 17]. Der Bauvertrag unterliegt den Regelungen der §§ 1151 bis 1165 des allgemeinen bürgerlichen Gesetzbuchs (ABGB). Folglich wird erläutert, was unter einem Werkvertrag nach ABGB zu verstehen ist.

Werkvertrag gem. § 1151 Abs. 1 ABGB:

- *„Wenn jemand sich auf eine gewisse Zeit zur Dienstleistung für einen anderen verpflichtet, so entsteht ein Dienstvertrag;*
- *Wenn jemand die Herstellung eines Werkes gegen Entgelt übernimmt."*

Werkvertrag gem. § 1165 ABGB:

„Der Unternehmer ist verpflichtet, das Werk persönlich oder unter seiner persönlichen Verantwortung ausführen zu lassen."

Werkvertrag gem. § 1170 ABGB:

„In der Regel ist das Entgelt nach vollendetem Werk zu entrichten [...]."

Ein Bauvertrag erfordert die Willenserklärung beider Vertragspartner*innen und beruht auf dem Prinzip der Privatautonomie [Gmoser, 2023, S. 20].

Privatautonomie (= Grundprinzip der Zivilrechtsordnung) bedeutet, dass Einzelpersonen und Unternehmen ihre rechtlichen Beziehungen und Geschäfte eigenverantwortlich und frei gestalten können. Der Vertrag legt detailliert die Rechte und Pflichten von AG und AN fest und enthält viele verschiedene Bestimmungen. Im Folgenden wird eine Übersicht über die wesentlichen Bestandteile eines Bauvertrags gegeben [Gmoser, 2023, S. 75]:

- Allgemeine Vertragsbestimmungen
- Besondere Vertragsbestimmungen
- Abändernde Vertragsbestimmungen
- Technische Vertragsbestimmungen
- Baubeschreibung bzw. Leistungsbeschreibung (konstruktive LB oder funktionale LB)
- Ausgepreiste Leistungsverzeichnis
- Kalkulationsformblätter (K3, evtl. K7)
- Auftragsschreiben
- Technischer Bericht
- Angaben über die Normen, die eine Bestandteil des Vertrages sind
- Etc.

Die Vertragsbestimmungen basieren auf den einschlägigen ÖNORMEN, insbesondere auf der ÖNORM B 2110 und der ÖNORM B 2118. Diese Normen legen die vertraglichen Rahmenbedingungen fest, die für die Planung, Durchführung und Abwicklung von Bauprojekten in Österreich maßgeblich sind. Darüber hinaus sind die gesetzlichen Vorschriften, vor allem das Bundesvergabegesetz (BVerG 2018), maßgeblich. Dieses Gesetz regelt die Rahmenbedingungen für die Vergabe öffentlicher Aufträge und gewährleistet, dass diese Prozesse fair und transparent sind [Kühbacher, 2023, S. 11].

Die ÖNORM B 2110 regelt die allgemeinen Vertragsbestimmungen für die Bauleistungen (vgl. Kapitel 2.2.2). Um die Planungsqualität zu sichern und Planlieferverzögerungen zu verhindern, können die Vertragspartner*innen im Bauvertrag auf die Einhaltung einschlägiger Normen verweisen. Die ÖNORM B 2110 oder B 2118 legen im Abschnitt „Normative Verweisungen" fest, dass weitere Normen und Gesetze in der Vertragsgestaltung miteinzubeziehen sind, darunter die ÖNORM A 2050 „Vergabe von Aufträgen über Leistungen – Ausschreibung, Angebot, Zuschlag", ÖNORM A 2063 „Austausch von Daten in elektronischer Form für die Phasen Ausschreibung, Vergabe und Abrechnung (AVA)", ÖNORM B 2061 „Preisermittlung für Bauleistungen", ÖNORM B 2111 „Umrechnung veränderliche Preise von Bauleitungen", Werkvertragsnormen der Serien ÖNORM B 22xx, einschlägige Gesetze sowie Denkmalschutz-, Straßenverkehrsordnung und das Bundesvergabegesetz [ÖNORM B 2110, 2023, S. 6].

Zusammengefasst lässt sich sagen, dass in Österreich die Regelungen zu Bauverträgen den Paragraphen §§ 1165 ff. des allgemeinen bürgerlichen Gesetzbuchs (ABGB) folgen. Es besteht Freiheit bei der Gestaltung des Vertragsinhalts. Die spezifischen Inhalte eines Bauvertrags können sich an den Bestimmungen der ÖNORM B 2110 bzw. B 2118 orientieren [Thomas, 2008, S. 29].

2.2.1 Rechtliche Grundlagen – ABGB

Im österreichischen Recht sind Bauverträge sogenannte Werkverträge, die gemäß §§ 1165 ff. ABGB geregelt sind. Da diese gesetzlichen Regelungen nicht immer die aktuellen Anforderungen der Baupraxis entsprechen, wurden spezielle „Verdingungsnormen" wie die ÖNORM B 2110 bzw. B 2118 entwickelt, um die gesetzliche Grundlage entsprechend den Herausforderungen in der Baupraxis zu ergänzen. Im Werkvertrag schuldet der Werkunternehmer*in (AN) typischerweise einen Erfolg, der im ABGB jedoch nicht explizit definiert ist. Im Unterschied zum Dienstvertrag, bei dem nur ein Bemühen geschuldet ist, ist im Werkvertrag das Erreichen eines Erfolges charakteristisch. Der bzw. die AG ist primär zur Zahlung des Werklohns verpflichtet und muss in bestimmtem Umfang bei der Herstellung des Werks mitwirken. Unterlässt er diese Mitwirkung, trägt er gemäß § 1168 ABGB die daraus resultierenden Folgen [Müller, 2016, S. 57–58].

In den gesetzlichen Regelungen sind keine Bestimmungen bezüglich Planqualität und -lieferung in Bauverträgen definiert. Um Konflikte zu vermeiden, sollten Bauverträge jedoch klare Regelungen zur Planqualität und -lieferung enthalten. Die Vertragsparteien sollten festlegen, wer für die Bereitstellung und Überprüfung der Pläne verantwortlich ist und welche Konsequenzen ein Verstoß gegen diese Pflichten nach sich zieht.

Gemäß § 1168 des ABGB ist der AN berechtigt, bei Behinderungen, Verzögerungen oder Erschwernissen, die während der Durchführung der Arbeiten auftreten, neben einer Bauzeitverlängerung auch eine Vergütung für die dadurch entstehenden Mehrkosten zu fordern, sofern die Ursache der Störung dem AG zugerechnet werden kann [Müller, 2015, S. 319]. Mehrkostenforderungen müssen sowohl hinsichtlich ihrer Ursachen als auch ihrer Höhe sorgfältig und nachvollziehbar begründet werden. Die Herleitung der Ansprüche aus den Ursachen erfolgt durch eine juristische Ableitung aus dem zugrunde liegenden Vertrag und den geltenden gesetzlichen Bestimmungen, die auf den Vertrag anwendbar sind. Die Wahl der Anspruchsgrundlage muss präzise begründet und alle Konsequenzen müssen sorgfältig durchdacht werden [Müller, 2015, S. 318]. Pönalen bzw. Vertragsstrafen können festgelegt werden, falls die Pläne nicht rechtzeitig oder in ausreichender Qualität geliefert werden. Diese sollen sicherstellen, dass die Anforderungen an die Planqualität und -lieferung erfüllt werden. Gemäß § 1336 ABGB ist die Vereinbarung von Vertragsstrafen erlaubt, um die Einhaltung vertraglicher Pflichten sicherzustellen.

„*Die vertragschließenden Teile können eine besondere Übereinkunft treffen, daß auf den Fall des entweder gar nicht oder nicht auf gehörige Art oder zu spät erfüllten Versprechens ein bestimmter Geld- oder anderer Betrag entrichtet werden solle*“ [ABGB, § 1336, Absatz 2].

Die Definition des Werkvertrages als Erfolgsverbindlichkeit berücksichtigt die Möglichkeit, dass das Werk aus verschiedenen Gründen scheitern kann. Die Zuweisung von Risikobereichen (Sphären) durch die §§ 1168 ff. ABGB regelt, welche Partei die Verantwortung und die Mehrkosten trägt, wenn die Ausführung eines Werks unterbleibt, verzögert wird oder vor Fertigstellung untergeht [Müller, 2016, S. 28]. Im Kapitel 2.3 wird detailliert erläutert, wie die Risikoverteilung gemäß dem ABGB geregelt ist und inwiefern sich diese von den Bestimmungen der ÖNORM B 2110 bzw. B 2118 unterscheidet. Es wird konkret aufgezeigt, welche Auswirkungen dies auf den Planlieferverzug oder die mangelnde Planqualität hat.

2.2.2 Normative Grundlagen – ÖNORM B 2110 und ÖNORM B 2118

Wie bereits erwähnt, nehmen die beiden ÖNORMEN auf die Regelungen des ABGB Bezug und ergänzen diese um Bestimmungen, die besser auf die Anforderungen der Baupraxis zugeschnitten sind. Die Normen legen standardisierte Vertragsbedingungen fest, die im Bauwesen verwendet werden können. Sie bieten ein Regelwerk für die vertraglichen Beziehungen zwischen AG und AN und regeln unter anderem die Rechte und Pflichten der Vertragsparteien, die Vergütung, die Bauzeit, Gewährleistung, Haftung und andere wichtige Aspekte.

Einige normative Bestimmungen gemäß ÖNORM B 2110 und B 2118 sind auch für die Planqualität und -lieferung von Bedeutung. So beschreibt die ÖNORM B 2110 in Punkt 7.2 die Zuordnung zur Sphäre der Vertragspartner*innen. Laut diesem Abschnitt sind alle vom AG zur Verfügung gestellten Unterlagen sowie die Ausschreibungs- und Ausführungsunterlagen der Sphäre des AG zugeordnet.

Punkt 7.2.1 ÖNORM B 2110:2023:

*„Alle vom AG zur Verfügung gestellten Unterlagen (z. B. **Ausschreibungs-, Ausführungsunterlagen**), verzögerte Auftragserteilung, Stoffe (z. B. Baugrund, Materialien, Vorleistungen) und Anordnungen (z. B. Leistungsänderungen) sind in der Sphäre des AG zugeordnet"* [ÖNORM B 2110, 2023, S. 27].

Diese Bestimmungen ergeben sich daraus, dass AG verpflichtet sind, die Ausschreibungs- und Ausführungspläne mangelfrei und rechtzeitig zu liefern.

Weiters bestimmt die ÖNORM B 2110 unter dem Punkt 6.5.3 die Vertragsstrafen [ÖNORM B 2110, 2023, S. 41]. Die Vertragspartner*innen können Kriterien für die Planqualität und die Lieferfristen der Pläne festlegen. Werden diese Kriterien nicht erfüllt, drohen dem bzw. der Vertragspartner*in Vertragsstrafen oder sogenannten Pönalen.

Punkt 11.3.2.1 Vertragsstrafe nach ÖNORM B 2110 und ÖNORM B 2118:

„Der Anspruch des AG auf Leistung einer vereinbarten Vertragsstrafe durch den AN entsteht, sobald der AN in Verzug gerät und nicht nachweisen kann, dass er oder

seine Erfüllungsgehilfen den Verzug nicht verschuldet haben. Der Nachweis eines Schadens ist nicht erforderlich" [ÖNORM B 2110, 2023, S. 41].

In Punkt 4.2.1.1 regelt die ÖNORM B 2110 und B 2118 die Vollständigkeit der Leistungsbeschreibung:

„Die Leistungen sind ihrer Beschreibung und ihrem Ausmaß nach vollständig zu erfassen" [ÖNORM B 2110, 2023, S. 10].

Die Qualität der Ausschreibungsunterlagen wird unter dem Punkt 4.2.1.3 bestimmt:

„In der Ausschreibung sind alle Umstände, die für die Ausführung der Leistung und damit für die Erstellung des Angebotes von Bedeutung sind, sowie besondere Erschwernisse oder Erleichterungen, z. B. Baugrundverhältnisse,..., anzuführen" [ÖNORM B 2110, 2023, S. 10].

Ebenso weisen die ÖNORMEN B 2110 und B 2118 in den Punkten 4.2.4.1 und 4.2.4.2 auf die Überprüfung der Pläne und Zeichnungen sowie die Festlegung eines Verfahrens zur Planfreigabe hin:

„[...] *sind Pläne, Zeichnungen u. dgl. Grundlage für die Erstellung des Leistungsverzeichnisses oder des Angebotes, ist auf die Übereinstimmungen dieser Unterlagen besonders zu achten. Auf Abweichungen ist vom AG in geeigneter Form aufmerksam zu machen"* [ÖNORM B 2110, 2023, S. 13].

„Das Verfahren zur Planfreigabe ist festzulegen. Ohne Festlegung gelten Pläne, die von den Erfüllungsgehilfen des AG übergeben wurden, als angeordnet" [ÖNORM B 2110, 2023, S. 13].

Diese Punkte unterstreichen die Wichtigkeit der Planqualität und -lieferung in einem Bauprojekt. Die ÖNORMEN legen fest, dass die Qualität und Übereinstimmung der

Pläne und Zeichnungen ständig überwacht werden müssen und ein Verfahren zur reibungslosen Lieferung und Freigabe der Pläne festgelegt werden sollte. Bestimmungen aus den ÖNORMEN B 2110 und B 2118 dienen in der Praxis häufig als Grundlage für Bauverträge mit österreichischen öffentlichen Auftraggebern, jedoch oft mit abgeänderten Passagen oder Streichungen. Ihre Anwendung wird nach dem Bundesvergabegesetz 2018 § 110 empfohlen, sodass sie in der Vertragsgestaltung auch teilweise ausgeschlossen werden können.

„Der öffentliche Auftraggeber kann weitere Festlegungen für den Leistungsvertrag treffen. Bestehen für die Vertragsbestimmungen geeignete Leitlinien, wie ÖNORMEN oder standardisierte Leistungsbeschreibungen, so ist auf diese Bedacht zu nehmen" [Bundesvergabegesetz 2018, Abs. 3].

Diese Regelungen und deren Einfluss auf die Sphärenzuordnung nach ABGB und den ÖNORMEN B 2110 sowie B 2118 und deren Auswirkungen auf den Umgang mit Themen hinsichtlich Planlieferung und Planqualität werden im nächsten Abschnitt näher untersucht.

2.3 Die Bedeutung der Sphärenzuordnung

Wie bereits erwähnt, (vgl. Kapitel 2.1.1) wird die Sphärenzuordnung als die Verteilung der Risiken zwischen AG und AN bezeichnet. In diesem Abschnitt wird dargestellt, wie die Risikoverteilung gemäß dem ABGB geregelt ist, und inwiefern sich diese von den Bestimmungen der ÖNORM B 2110 bzw. B 2118 unterscheidet.

Die Zuordnung der Umstände in die Sphären des AG gemäß dem allgemeinen bürgerlichen Gesetzbuch (ABGB) erfolgt nicht so detailliert wie in den ÖNORMEN, bei denen Umstände direkt der Sphäre des AG oder des AN zugeordnet werden können. Daher präzisieren Rechtsprechung und Lehre diese Zuordnungen genauer.

Alle Umstände, für die der AG gesetzlich verantwortlich ist, werden seiner Sphäre zugeordnet. Dazu zählen beispielsweise die Planqualität, die Planlieferung und die Ausschreibungsunterlagen [Müller, 2016, S. 35].

Anmerkung: Lehre bezieht sich auf die Interpretation von Rechtsnormen, zum Beispiel die juristischen Kommentare zu Gesetzen. Im Gegensatz dazu umfasst die Rechtsprechung die Entscheidungen der Gerichte.

Zusätzlich zu den Sphären, die den beiden Vertragspartner*innen zurechenbar sind, gibt es die sogenannte neutrale Sphäre nach ABGB [Müller, 2016, S. 56]. Laut den Bestimmungen des ABGB § 1168 wird die unvorhersehbaren Risiken der sogenannten neutralen Sphäre zugeordnet [OGH 1 OB 576/76; OGH 6 OB 551/82]. Dazu zählen die behördlichen Maßnahmen (z. B. Covid-19 Lockdowns), Krieg, Naturkatastrophen oder dergleichen. Diese Ereignisse können die Durchführung der Bauarbeiten signifikant beeinflussen und erfordern deshalb besondere vertragliche Regelungen zur Festlegung von Verantwortlichkeiten und Risiken. Die Regelungen des ABGB ordnen diese Umstände der Risikosphäre des Auftragnehmers zu [Müller, 2016, S. 43].

Die Rechtsprechung des OGH (Oberster Gerichtshof) sagt dazu folgendes:

„Der Entgeltanspruch des Unternehmers besteht zu Recht, wenn die Umstände, welche die Werkausführung unmöglich machten, der Sphäre des Bestellers zuzuordnen sind; nur Umstände, die in den sogenannten neutralen Kreis fallen, hat ebenfalls der Unternehmer zu vertreten. Darunter sind aber nur Umstände zu verstehen, die außerhalb der Ingerenz der Vertragsteile des Werkvertrages liegen.“ [OGH 1 OB 576/76; OGH 6 OB 551/82].

Gemäß ÖNORM B 2110 und B 2118 wird das Risiko für unvorhersehbare Ereignisse, die bei Vertragsabschluss nicht vorhersehbar sind und die der AN nicht in zumutbarer Weise verhindern kann, der Sphäre des AG zugerechnet [ÖNORM B 2110, 2023, Pkt. 7.2.1]. Zu den der Sphäre des AG zugeordneten Beispielen, die vom Leistungsumfang abweichen, gehören schlechte Planqualität und -lieferung, Planlieferverzug, abweichende Baugrundverhältnisse, Vorleistungen und Ereignisse wie Behinderungen [Müller, 2016, S. 21].

Bauverträge fallen unter das Werkvertragsrecht des ABGB, die eine grundlegende Bestimmungen für Verträge festlegen. Die Regelungen des ABGB sind über 200 Jahre alt und entsprechen nicht mehr den Anforderungen der heutigen Baupraxis. Deshalb wurde die Notwendigkeit erkannt, Verdingungsnormen sowie ÖNORM B 2110:2023 oder ÖNORM B 2118:2023, die spezifische Vertragsbestimmungen regeln, zu etablieren [Müller, 2016, S. 28].

Anders als im ABGB ist es beim ÖNORM-Vertrag so, dass AN nur nachweisen müssen, dass sie die Ursache für eine Störung der Leistung nicht zu verantworten haben. Gemäß § 1168 ABGB stammt ein unvorhersehbarer Umstand aus der Sphäre des AG, und der AN hat Anspruch auf Entgelt, vorausgesetzt, er bzw. sie ist leistungsbereit [Müller, 2016, S. 31]. Im Gegensatz zum ABGB, weist die ÖNORM B 2110:2023 die neutrale Sphäre hauptsächlich dem bzw. der AG zu. Diese umfasst Risiken sowie alle Umstände, die die Erfüllung der Leistung objektiv unmöglich machen. Während das ABGB solche Umstände der Sphäre des AN zuordnet, verlagern die ÖNORMEN diese Risiken in die Sphäre des AG [Müller, 2016, S. 43].

Zusammenfassend lässt sich sagen, dass die gesetzlichen Regelungen des ABGB nicht ausreichend baupraxisnah sind, weshalb ergänzende Verdingungsnormen wie die ÖNORM B 2110 eingeführt und regelmäßig aktualisiert werden, um den aktuellen Anforderungen im Bauvertragswesen gerecht zu werden. Sowohl das ABGB als auch die Verdingungsnormen, wie die ÖNORM B 2110 oder B 2118, ordnen die Risiken durch Behinderungen und Erschwernisse, wie die Planlieferung und Planqualität, der Sphäre des AG zu. Nach dem ABGB muss der AN jedoch zusätzlich seine Leistungsbereitschaft und Leistungsfähigkeit nachweisen.

Weiters regeln das ABGB und die ÖNORM B 2110 sowie B 2118 die unvorhersehbaren Ereignisse, die Umstände, die während des Vertragsabschlusses nicht von den Vertragsparteien erkannt werden konnten, wie beispielsweise Krieg oder Naturkatastrophen. Während das ABGB solche Umstände der Sphäre des AN zuordnet, verlagern die ÖNORMEN diese Risiken in die Sphäre des AG.

Im kommenden Kapitel werden verschiedene Vertragsmodelle im Bauwesen eingehend betrachtet und deren Berücksichtigung der Planqualität und -lieferung analysiert. Ebenso wird auf technische Normen eingegangen, die festlegen, wie ein Plan in den unterschiedlichen Projektphasen auszusehen hat und welche Mindestanforderungen bezüglich Qualität zu beachten sind.

2.4 Planarten in den einzelnen Projektphasen

Jede Phase des Projekts erfordert spezifische Pläne, die den aktuellen Stand der Planung und Umsetzung detailliert darstellen. Diese Pläne sind entscheidend für die Kommunikation zwischen den Beteiligten und für die Sicherstellung der Qualität sowie die Einhaltung von Normen und Vorschriften. Die Differenzierung der Planarten in den unterschiedlichen Projektphasen ermöglicht eine präzise Steuerung und Kontrolle des Bauvorhabens. Von den ersten Skizzen und Konzepten in der Projektvorbereitungsphase über detaillierte Entwurfs- und Ausführungspläne bis hin zu den abschließenden Dokumentationen und Abrechnungen – jeder Plan hat seine spezifische Funktion und Bedeutung. In diesem Kapitel werden die verschiedenen Planarten vorgestellt, die in den einzelnen Phasen eines Bauprojekts benötigt werden. Dabei wird auf die Anforderungen und Inhalte der jeweiligen Pläne eingegangen. Durch die genaue Betrachtung der Planarten wird deutlich, wie wichtig eine strukturierte und normgerechte Planqualität und -lieferung für den Erfolg eines Bauprojekts sind.

Zusätzlich zur ÖNORM B 2110 und B 2118 spielt die ÖNORM B 1801-1:2022 „Bauprojekt- und Objektmanagement“ eine wichtige Rolle in der Strukturierung von Bauprojekten. Diese Norm unterteilt das Bauprojekt in sechs Phasen: Projektvorbereitungsphase (Entwicklungs- und Vorbereitungsphase), Vorentwurfsphase, Entwurfsphase, Ausführungsphase und Abschlussphase. Jede dieser Phasen hat spezifische Anforderungen und Zielsetzungen, die zur erfolgreichen Umsetzung des Bauprojekts beitragen.

Nachfolgende Abbildung (Abb. 2.1) zeigt die Phasen eines Projektes nach ÖNORM B 1801-1:

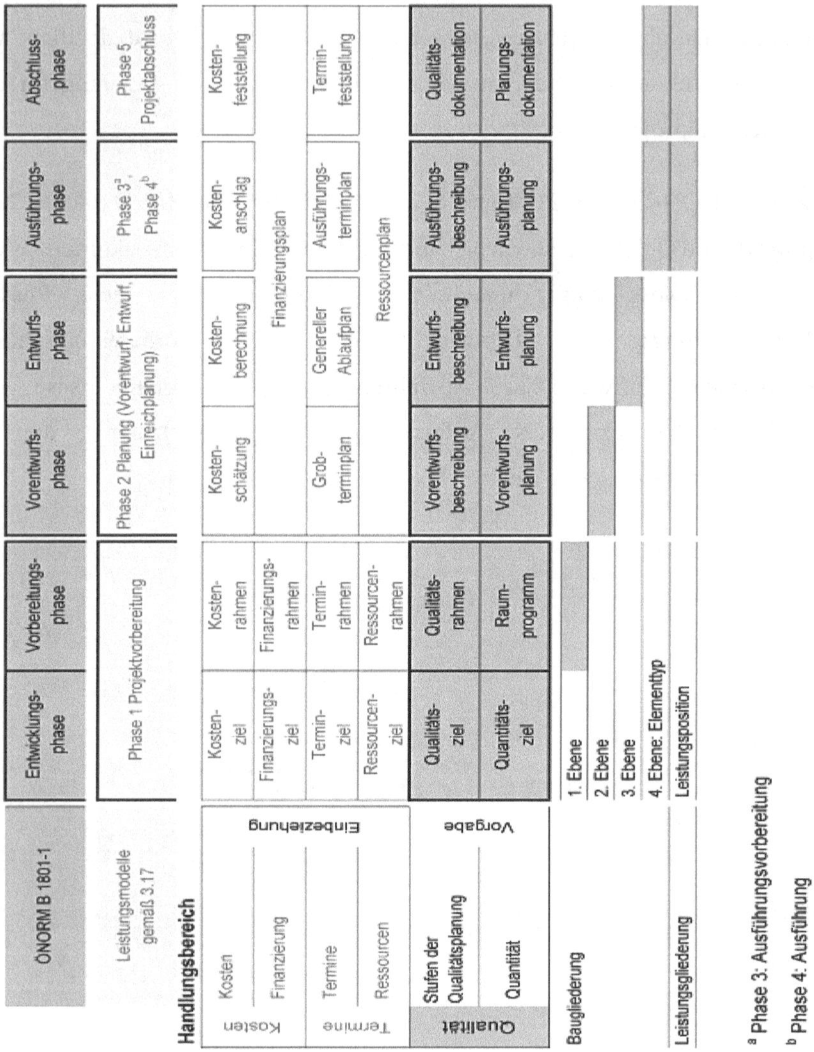

Abb. 2.1: Phasen des Qualitätsplanung eines Projektes nach ÖNORM B 1801-1,

Wie in Abb. 2.1 dargestellt, deckt diese ÖNORM drei wesentliche Handlungsbereiche jeder Bauphase ab. Diese Masterarbeit konzentriert sich jedoch ausschließlich auf einen dieser Bereiche, nämlich auf die Qualität und Quantität der Planung in den jeweiligen Phasen. Die ÖNORM B 1801-1:2022 definiert die Quantitätsziele und das Raumprogramm auf Basis des Flächenbedarfs des AG. In der ersten Phase des Projekts, der sogenannten Projektvorbereitungsphase, werden die Quantitätsziele und das Raumprogramm festgelegt, die als Grundlage für die ersten Vorentwürfe dienen [ÖNORM B 1801-1, 2022, S. 9]. Nach der Genehmigung des Raum- und Funktionsprogramms durch den AG beginnt der bzw. die Architekt*in oder Planer*in mit den ersten Skizzen, die zunächst im Maßstab 1:200 händisch erstellt werden. Sobald das Konzept für die Gebäudehülle steht, werden die Grundrisse EDV-unterstützt erstellt. Bei der Vorentwurfsplanung muss der bzw. die Planer*in alle gesetzlichen Anforderungen berücksichtigen, die für das Genehmigungsverfahren in der nächsten Phase erforderlich sind [Kochendörfer, 2010, S. 202]. Dazu gehören insbesondere die Richtlinien (z.B. OIB-Richtlinien), Vorschriften (z.B. Kärntner Bauvorschriften), Ordnungen (z. B. Kärntner Bauordnung) sowie gegebenenfalls die Empfehlungen der ÖNORMEN. Die Entwurfsphase, auch als Einreich- oder Genehmigungsplanung bezeichnet, bildet die Grundlage für das Behördenverfahren zur Erlangung der Baubewilligung. Diese Phase basiert auf den Konzepten und Vorentwürfen, die in den vorhergehenden Phasen entwickelt wurden. Die Zeichnungen werden in dieser Phase mithilfe von CAD-Systemen im Maßstab 1:100 erstellt. Die Entwurfs- bzw. Einreichpläne umfassen mindestens die Grundrisse, Ansichten und Schnitte des Gebäudes [Kochendörfer, 2010, S. 203–205]. Diese Einreichpläne dienen als Grundlage für die Ausschreibung der Bauleistungen [Gmoser, 2023, S. 192]. Nach Erhalt der

Genehmigung werden sie als Teil der Ausschreibungsunterlagen an die potenziellen Bieter*innen verschickt. Die Ausführungspläne (in Österreich auch Polierpläne genannt) bilden die Grundlage für die Ausführung der Bauarbeiten auf der Baustelle. Diese Pläne werden im Maßstab 1:50 erstellt, bei komplexen Details kann der Maßstab auch 1:20, 1:10 oder 1:1 betragen. Die Ausführungspläne müssen einen sehr hohen Detaillierungsgrad aufweisen. Daher müssen diese Pläne alle wichtigen Angaben für die Baudurchführung, einschließlich Bemaßungen, Aussparungen, Höhenkoten usw. (vgl. Kapitel 3.1, ÖNORM B 6240:2018), beinhalten [Kochendörfer, 2010, S. 214–217]. Die folgende Tabelle zeigt den Plantyp, den Detaillierungsgrad und den Maßstab in den verschiedenen Projektphasen.

Tab. 2.1: Plantyp, Detailierungsgrad und Maßstab in den verschiedenen Projektphasen nach ÖNORM B 1801-1, Quelle: [eigene Darstellung]

Phase	Plantyp	Detailierungsgrad	Maßstab
Entwicklungsphase	Quantitätsziel	keine	keine
Vorbereitungsphase	Raumprogramm	keine	keine
Vorentwurfsphase	Vorentwurfsplan	Grob	1:200
Entwurfsphase	Entwurfsplan, Einreichplan Genehmigungsplan	Genau	1:100
Ausführungsphase	Ausführungsplan, Polierplan	Sehr genau	1:50 bis 1:1

Die Tab. 2.1 zeigt deutlich, dass die Pläne in der Ausführungsphase einen sehr hohen Detaillierungsgrad aufweisen müssen. Um diese Qualität zu sichern, ist es notwendig, klare Bestimmungen und Regelungen sowie Rechte und Pflichten für die Vertragspartner*innen im Vertrag festzulegen.

3 Planqualität und -lieferung im Vertragswesen

In der Baupraxis sind klare Regelungen zur Planqualität und -lieferung entscheidend, um einen reibungslosen Bauablauf zu gewährleisten. Die Einhaltung von bestimmten Normen, wie sie in der ÖNORM B 2110 und B 2118 definiert sind, stellt sicher, dass Pläne und technische Zeichnungen den erforderlichen Standards entsprechen und rechtzeitig bereitgestellt werden. Diese Normen sind nicht nur für öffentliche AG relevant, sondern auch für private AG, da sie einen Rahmen für eine optimale Abwicklung eines Bauvorhabens definieren.

Im Kapitel 2 wurden bereits die vertraglichen Regelungen sowie die Sphärenzuordnung und deren Bestimmungen im Bauvertragsrecht dargestellt, insbesondere in Bezug auf die Planlieferung. Da es im Bauwesen verschiedene Vertragsmodelle gibt, werden im nächsten Kapitel die Planqualität und -lieferung im Kontext dieser Vertragsmodelle analysiert. Zunächst werden die Mindestinhalte nach normativen Regelungen erläutert. Anschließend werden die gängigsten Vertragstypen wie Einheitspreisvertrag, Pauschalpreisvertrag und Regiepreisvertrag behandelt. Danach folgt eine Darstellung moderner und alternativer Vertragsmodelle wie Allianzvertrag, Partnering-Vertrag und Design-Build. Abschließend werden diese Vertragstypen hinsichtlich ihrer Bestimmungen zur Planqualität und -lieferung verglichen sowie ihre wesentlichen Vor- und Nachteile dargestellt.

3.1 Normative und technische Bestimmungen zur Planqualität und -lieferung

Die technischen Anforderungen an Pläne variieren je nach Projektphase. Während der Planungsphase müssen sie detaillierte Angaben zur Konstruktion und den verwendeten Materialien enthalten, um die Machbarkeit und Qualität des Bauwerks sicherzustellen. In der Ausführungsphase sind präzise Ausführungspläne von entscheidender Bedeutung, um den Baufortschritt und die Einhaltung der Bauzeitpläne zu gewährleisten. Die Mindestanforderungen an diese Pläne sind in den jeweiligen Normen klar definiert und dienen als Leitfaden für AN und AG, um Konflikte zu vermeiden und eine erfolgreiche Projektabwicklung zu ermöglichen.

Wie bereits erwähnt, gibt es einschlägige Normen und Richtlinien, die die Darstellung der Pläne genau regeln.

Nach der ÖNORM A 6240:2018 „Technische Zeichnung für das Bauwesen“ werden die Mindestinhalte von Ausführungspläne wie folgt definiert [ÖNORM A 6240, 2018]:

- *Plankopf (Name des Bauvorhabens, Daten des Planverfassenden Büros, Datum der Planerstellung, Plannummer, Planinhalt, Maßstab),*
- *Maßstab mindestens 1:50,*
- *Planinhalt (Grundrisspläne, Schnitte, Ansichten, Details, Haustechnikpläne),*
- *Lagefestlegung in Gebäude mit Hilfe von Rasterlinien und Strukturlinien,*
- *Bezeichnung von Gebäuden, Geschoßen und Räumen,*
- *Bemaßung,*
- *Darstellung von Bauteilen, Bauteilöffnungen, Einbauteilen und Hauinstallationseinrichtungen,*
- *Darstellung von Neu,- Zu- und Umbauten in Ausführungsplänen.*

Es gibt auch die sogenannten CAD-Richtlinien, die von einzelnen Bundesländern sowie von institutionellen Auftraggeber*innen wie ASFINAG und ÖBB zur Sicherung einer besseren Planungsqualität eingehalten werden. Diese Richtlinien regeln die Inhalte der Ausführungspläne (beispielsweise siehe die „CAD-Richtlinien, Land Salzburg, Mai 2020") [Gmoser, 2018, S. 343]. Die Einhaltung dieser Normen und Richtlinien ist eine grundlegende Voraussetzung für hohe Qualität und die Vermeidung von Mehrkosten während der Ausführungsphase. In der Praxis werden Planungsmängel oft erst während der Ausführungsphase erkannt, was zu Bauablaufstörungen führen kann [Gmoser, 2018, S. 344]. Bei einer vertraglich vereinbarte ÖNORM B 2110 ist der AN verpflichtet, den AG gemäß Punkt 6.2.4 im Rahmen der Prüf- und Warnpflicht auf fehlerhafte Planungen hinzuweisen [ÖNORM B 2110, 2023, S. 19].

Es wird dringend empfohlen, Planvorlauffristen entweder als Vertragsbestimmung festzulegen oder im Vertragsterminplan die Planeingangsdaten zu verankern. Die vertraglich vereinbarten Planvorlauffristen setzen einerseits den AG unter Druck, die Pläne rechtzeitig zu liefern, und dienen andererseits dem AN als Beweismittel. Diese Fristen ermöglichen es dem AN später nachzuweisen, dass der AG die Pläne nicht wie vertraglich vereinbart rechtzeitig geliefert hat, falls es zu Planlieferverzögerungen kommt [Gmoser, 2018, S. 345-349].

Die Planvorlauffristen werden in der Baupraxis nach Erfahrung sowie nach Auskunft der Planer*innen festgelegt. Die Literatur empfiehlt folgende Mindestvorlauffristen für das Bauhauptgewerbe:

Tab. 3.1: Planlauffristen nach Literatur, Quelle: [Kropik, 2014, S. 192]

Allgemeine Ausführungsplan	4 bis 6 Wochen
Schalungsplan	
Einfache Schalung	1 bis 2 Wochen
Schwierige Schalung	3 bis 6 Wochen
Schwierige Schalung als Einzelfertigung	≥ 6 Wochen
Details Aussparungen	1 bis 3 Wochen
Bewehrungsplan	2 bis 4 Wochen

Eine verbindliche Festlegung von Planvorlauffristen sowie die Implementierung eines effektiven Codierungssystems und einer Indexierung tragen wesentlich zur Effizienz und Qualitätssicherung im Bauprozess bei. Was darunter zu verstehen ist, wird im Folgenden kurz erläutert und mit Beispielen dargestellt.

Die Codierung von Plänen mithilfe eines strukturierten Kennzeichnungssystems spielt eine wesentliche Rolle im Management und in der Überwachung von Plänen bei großen und komplexen Bauprojekten und ist daher notwendig. In der Praxis werden bei den Plänen sowie bei den architektonischen, statischen, Montage-, haustechnischen Zeichnungen usw. häufig Änderungen vorgenommen. Eine numerische Codierung dieser Pläne kann bei großen und komplexen Projekten eine Herausforderung darstellen. Daher wird eine Mischung aus numerischer und alphabetischer Codierung empfohlen [Kochendörfer, 2010, S. 84].

Nachfolgende Abbildung (Abb. 3.1) zeigt ein mögliches Codierungssystem. Hier wird anhand der Codierung dargestellt, wer der bzw. die Planer*in ist, welcher Art der Zeichnung vorliegt und welche Bauteile, Segmente, Ebene angesprochen werden.

Planersteller:		Art der Zeichnung:	
A	Architektenplanung	A	Ausführungspläne
B	Blitzschutzplanung	B	Bewehrungspläne
C	Schlitz + Deckendurchbrüche	C	Bauhilfsmaßnahmen
D	Deckenplanung	D	Doppelboden
E	Elektroplanung	E	Entwurf
F	Fördertechnik	F	Fassade
G	Arbeitsvorbereitung	G	-
H	Heizungsplanung	H	-
I	Informationssysteme	J	Installationspläne
J	-	J	-
K	-	K	Kerne
L	Lüftungsplanung	L	-
M	MSR-Planung	M	Montagepläne
N	Natürliche Entrauchung	N	-
O	Fassade	O	-
P	Fernmeldeanlagenplanung	P	Positionspläne
Q	Elementdecken	Q	Schemata
R	Rohbauplanung	R	-
S	Sanitärplanung	S	Schalpläne
T	Stahlbauplanung	T	-
U	Haustechnik	U	Übersicht
V	Fahrtreppen	V	Verlegepläne
W	Werkpläne Stahl	W	Werkstattzeichnung
X	-	X	Fertigteile
Y	Grundleitungen	Y	Bestandpläne
Z	Sprinkler	Z	Detailpläne

Codierung für Besprechungs- u. Aktennotizen

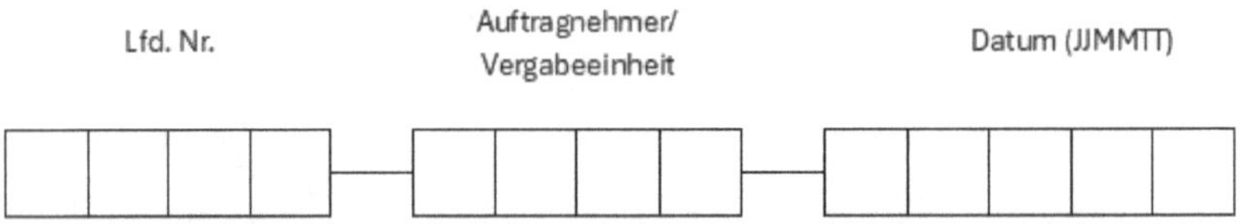

Codierung für Zeichnungen

1. Planersteller
2. Art der Zeichnung
3. Bauteil
4. Segment
5. Ebene
6. Schnitt

1	2	3	4	5	6

Abb. 3.1: Codierungssystem, Quelle: [Kochendörfer, 2010, S. 85].

Für die Aufzeichnung der Änderungszustände der Pläne sollte ein Planänderungsindex (nummerisch oder alphabetisch) berücksichtigt werden [Kochendörfer, 2010, S. 85]. Eine weitere wesentliche Pflicht des AG ist die Lieferung freigegebener Planunterlagen. Um dies gewährleisten zu können, ist es notwendig, Planlauf- und Planeingangstermine festzulegen. Die Planliefertermine, die in einer Planlieferliste, Bautagesberichten, Besprechungsprotokollen oder auf digitalen Planprüfungsplattformen dokumentiert werden sollten, können später mit den Ist-Terminen verglichen werden [Kochendörfer, 2010, S. 93].

Die Mindestinhalte einer Planlieferliste [Kochendörfer, 2010, S. 94]:

- *„Plannummer und Planbezeichnung,*
- *Plan-Indexeintragungen für überholte Pläne,*
- *SOLL- und IST-Liefertermine,*
- *Status und Freigabedatum,*
- *Weitergabe an wen und Weitergabedatum,*
- *Bearbeitungsstand."*

Wie bereits erwähnt, können Planlieferungen ebenso in Bautagesberichten und Baubüchern dokumentiert werden. Die Funktionen dieser Dokumente werden nachfolgend kurz beschrieben:

- Den Bautagesberichten wird die höchste dokumentarische Beweiskraft zugeschrieben [Kochendörfer, 2010, S. 95]. In der Regel führt der Bautagesberichte der AN und diese müssen binnen 14 Tagen dem AG nachweislich übergeben werden [ÖNORM B 2110, 2023, S. 21].
- Das Baubuch ist, neben dem Leistungsverzeichnis und dem Vertragsterminplan, ein beidseitig anerkannter Dokumentationsnachweis und somit die wichtigste Grundlage für die Rekonstruktion des Bauablaufs [Kochendörfer, 2010].Es wird durch den AG geführt und dokumentiert alle für die Vertragsabwicklung wichtigen Vorkommnisse [ÖNORM B 2110, 2023, S. 21].

Für Planlieferverzögerungen und schlechte Qualität der Pläne können auch Vertragsstrafen bzw. Pönale nach ÖNORM B 2110 und B 2118 vertraglich festgelegt werden (vgl. Kapitel 2.2.2). Die sorgfältige Dokumentation und Einhaltung von Planvorlauffristen sowie die Verwendung strukturierter Codierungssysteme sind entscheidend für die erfolgreiche Abwicklung komplexer Bauprojekte. Sie stellen sicher, dass alle Beteiligten stets aktuelle und geprüfte Pläne zur Verfügung haben, was zur Minimierung von Bauverzögerungen und Qualitätsabstrichen beiträgt.

Im folgenden Kapitel werden die verschiedenen Vertragstypen detailliert erläutert, die in der Baupraxis zur Anwendung kommen. Dies umfasst die unterschiedlichen rechtlichen Rahmenbedingungen und spezifischen Anforderungen, die bei der Wahl des geeigneten Vertragstyps zu berücksichtigen sind.

3.2 Vertragstypen

Im Bauwesen werden Bauverträge je nach Vergütungsart typischerweise nach einem der folgenden Vertragstypen abgeschlossen:

- Einheitspreisvertrag,
- Pauschalpreisvertrag:
    - Globalpauschalpreisvertrag (echter Pauschalpreisvertrag),
    - Detailpauschalpreisvertrag (unechter Pauschalpreisvertrag),
- Regiepreisvertrag.

Diese Vertragstypen legen fest, wie die Vergütung für die Bauarbeiten berechnet wird und welche Verpflichtungen damit einhergehen. Neben diesen gängigen Typen gibt es auch Mischformen, die je nach Projektanforderungen zum Einsatz kommen können. Ein Beispiel ist ein Einheitspreisvertrag, bei dem die Leistungen einzeln in Form eines Leistungsverzeichnisses vergeben werden und einige Positionen pauschal vereinbart sind. Oft kommt es auch vor, dass einige Leistungen bei Einzel- oder Pauschalvergaben als Regieleistungen vereinbart werden. Diese Vielfalt an Vertragstypen ermöglicht es den Vertragsparteien, die Vergütungsstruktur flexibel an die spezifischen Gegebenheiten des Bauvorhabens anzupassen und unterschiedliche Risiken zu verteilen.

3.2.1 Einheitspreisvertrag

Bei einem Einheitspreisvertrag wird der Gesamtpreis eines Bauprojektes auf der Grundlage von Einheitspreisen für bestimmte Bauleistungen berechnet. Die Einheitspreise werden positionsmäßig ermittelt und im Vertrag festgelegt.

Das Kernelement des Einheitspreisvertrages ist eine detaillierte Leistungsbeschreibung, bei der die Bauleistungen in Einzelpositionen in Form eines Leistungsverzeichnisses beschrieben sind, das für die Bieter*innen die Grundlage für die Kalkulation und die Erstellung des Angebots bildet [Gmoser, 2023, S. 35–38]. Die Mengen für die einzelnen Positionen werden ermittelt, und durch die Multiplikation der Einheitspreise mit den tatsächlich ausgeführten Mengen ergibt sich der Positionspreis. Der Gesamtpreis setzt sich aus der Summe aller Positionen des Leistungsverzeichnisses zusammen.

Nachfolgend zeigt Abbildung (Abb. 3.2) die Struktur einer Standardposition im Leistungsverzeichnis.

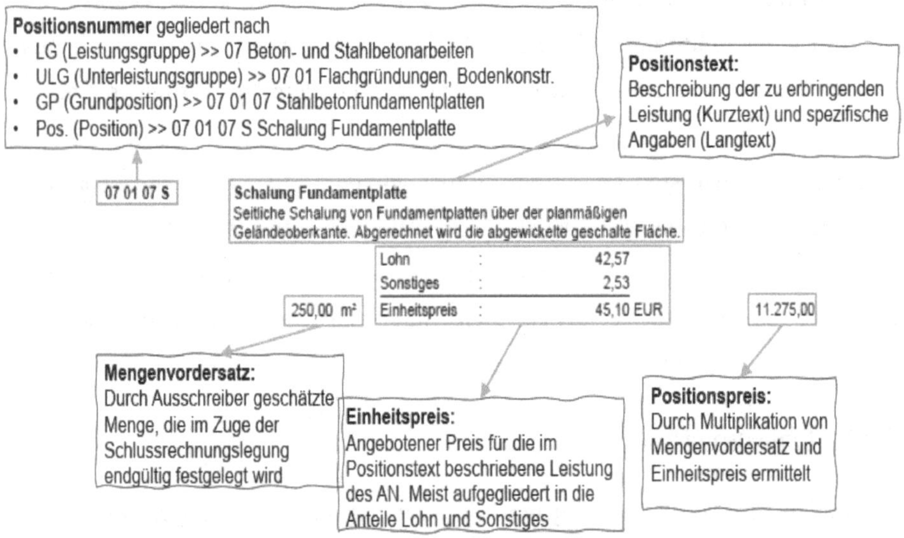

Abb. 3.2: Struktur einer Standardposition aus der LV, Quelle: [Gmoser, 2023, S. 39]

Das Ziel eines Einheitspreisvertrages ist es, die Vergütung abhängig von den erbrachten Leistungen zu gestalten [Schopf, 2009, S. 11]. Das bedeutet, dass die Leistungen in Abhängigkeit von den ausgeführten Mengen vergütet werden, basierend auf einer genauen Darstellung der Aufmaßblätter der Ist-Mengen und aller anderen Abrechnungsunterlagen.

Die Mengenänderung ohne Leistungsabweichung ist in der ÖNORM B 2110:2023 und B 2118:2023 im Abschnitt 7.4.4 geregelt. Laut dieser Regelung haben die Vertragspartner*innen das Recht, eine neue Berechnung der Einheitspreise zu verlangen, wenn die im Leistungsverzeichnis (LV) ausgeschriebenen Mengen um ±20 % über- oder unterschritten werden [ÖNORM B 2110, 2023, S. 28]. Die Anwendung der 20%-Klausel zur Ermittlung eines neuen Einheitspreises (EHP) muss im Einklang mit den normativen Vorgaben der ÖNORM B 2110:2023 und ÖNORM B 2118:2023 erfolgen. Es ist dabei wichtig zu betonen, dass die Neuberechnung nicht automatisch erfolgt, sondern von einer der Vertragsparteien eingefordert werden muss. Diese Anpassung kann entweder in Richtung einer Preiserhöhung oder Preissenkung gehen, abhängig davon, ob die Menge die Schwelle von 20 % überschreitet oder unterschreitet.

Die nachfolgende Abbildung stellt die gesetzliche und normative Abrechnung eines Leistungsverzeichnisses in einem Einheitspreisvertrag dar.

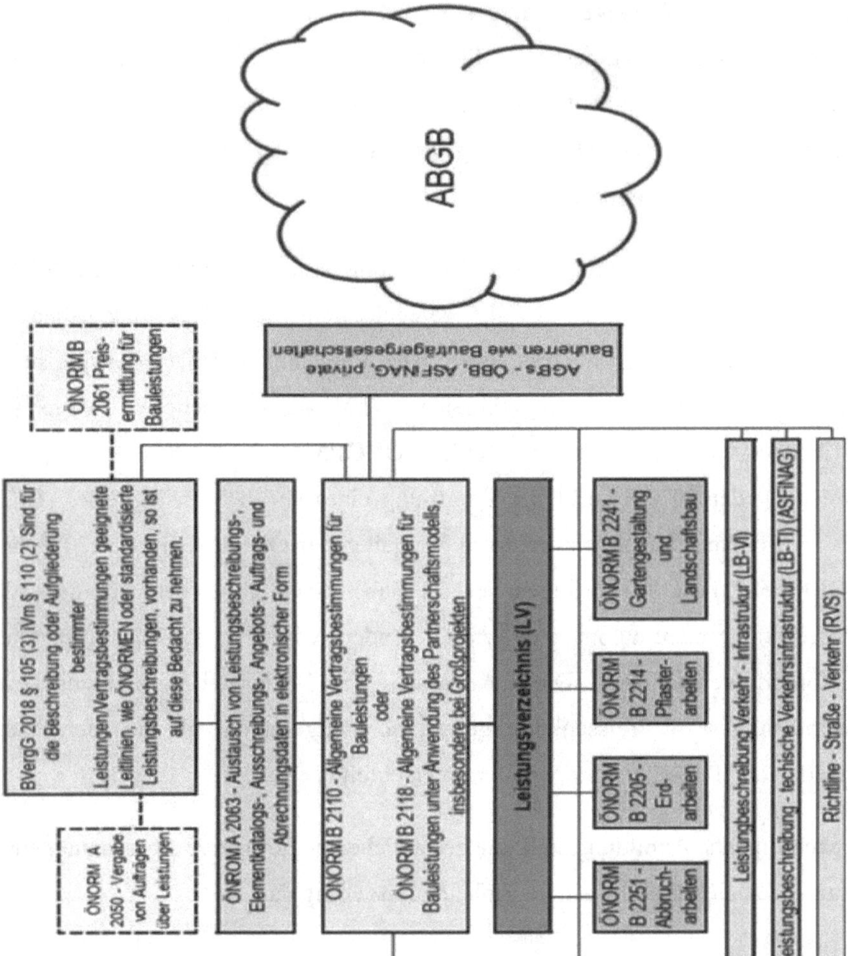

Abb. 3.3: Die gesetzliche u. normative Abrechnung eines Leistungsverzeichnisses in einem EHPV,Quelle: [Gmoser, 2023, S. 455]

Die Abb. 3.3 zeigt deutlich, dass die Regelungen des ABGB im Hintergrund als Grundlage dienen und das Leistungsverzeichnis gemäß den Bestimmungen der verschiedenen ÖNORMEN ausgeschrieben, vergeben und abgerechnet wird. Zu den weiteren Vorteilen eines Einheitspreisvertrages gehört die hohe Kostentransparenz für die Auftraggeber*innen. Da die Preise für die einzelnen Leistungen klar definiert sind, kann der AG die verschiedenen Angebote der Bieter*innen besser vergleichen und bewerten. Zudem ermöglicht diese Vertragsform, dass die Mengen der einzelnen Positionen gemäß der ÖNORM B 2110 bzw. 2118 bis zu 20 % abweichen können, ohne dass eine erneute Preisverhandlung notwendig ist. Dies bietet eine gewisse Flexibilität und erleichtert die Anpassung des Projekts an unvorhergesehene Gegebenheiten während der Bauausführung [Gmoser, 2023, S. 41]. Andererseits stellen die Preise ein Risiko für die Auftragnehmer*innen dar. Beispiele hierfür sind fehlerhafte Kalkulationen sowie unvorhersehbare Kostensteigerungen bei Löhnen, Materialien und anderen Ressourcen. Besonders problematisch sind Verträge mit festen Einheitspreisen, da diese keine Anpassung an ansteigende Kosten erlauben. Zudem erfordern klar definierte Leistungen und Ausschreibungen einen hohen Aufwand, da sie eine präzise und detaillierte Planung und Kalkulation voraussetzen. Da die Grundlage für die Mengenermittlung des Leistungsverzeichnisses bei einem Einheitspreisvertrag die Ausschreibungspläne sind, müssen diese Pläne eine hohe Genauigkeit und Qualität aufweisen. Andernfalls kann eine fehlerhafte Mengenermittlung der ausgeschriebenen Leistungen zu Mehrkostenforderungen während der Ausführungsphase führen. Die folgende Tabelle stellt die Vor-, Nachteile und die Sphärenzuordnung der Risiken hinsichtlich der Planqualität und -lieferung dar.

Tab. 3.2: Planqualität und -lieferung bei EHPV, Quelle: [eigene Darstellung]

Planqualität und -lieferung bei Einheitspreispreisvertrag			
Sphäre	**Vorteile**	**Nachteile**	**Risiken**
AG	- AG haben vollen Einfluss auf die Planung- u. Ausführung. - Planungssicherheit - Klarer Vergleich der Angebote der Bieter*innen möglich.	- Hoher Planung- u. Ausschreibungs-aufwand für AG - Jede Planänderung führt zu MKF für den AG.	- Planlieferung - Planqualität: Hohe Anforderungen an die Planqualität müssen eingehalten werden, um Mehrkosten und Streitigkeiten zu vermeiden. - Leistungsbeschreibung sowie Mengenermittlung - Flexibilität bei Planänderungen: Änderungen erfordern Verhandlungen und dadurch entstehen auch Mehrkosten seitens AN (MKF).
AN	Planungssicherheit: Wenn die Pläne korrekt sind, sind die Kosten klar definiert.	AN haben keinen bzw. geringen Einfluss auf der Planung.	Dokumentation

Gemäß den Normen, wie den ÖNORMEN, sowie den Bestimmungen des ABGB sind sämtliche Risiken im Zusammenhang mit Planlieferungen und deren Qualität in die Sphäre des AG eingegliedert. Diese Verantwortung umfasst sowohl die Einhaltung der Planqualität als auch die rechtzeitige und korrekte Lieferung der Pläne. Für den AN bedeutet dies, dass er keine Kontrolle über die Genauigkeit und Vollständigkeit der Pläne hat, die für die Angebotskalkulation und spätere Ausführung entscheidend sind. Nach den Vorgaben des ABGB muss der AN zwar seine Leistungsbereitschaft und -fähigkeit nachweisen, jedoch sind alle Risiken, die durch mangelhafte oder verspätete Planlieferungen entstehen, dem AG zugeordnet. Dies bedeutet, dass der AN im Falle von Planmängeln oder Verzögerungen keinen Einfluss auf die Korrektur oder Anpassung der Pläne hat. Er trägt die finanziellen und zeitlichen Risiken, die aus fehlerhaften oder unvollständigen Planungen resultieren, ohne die Möglichkeit, diese Kosten auf den AG umzulegen.

Zusätzlich kann eine mangelhafte Dokumentation der Planlieferungen und Planqualität zu erheblichen Diskussionen zwischen den Vertragspartner*innen führen, insbesondere bei der Mängel- und Kostenfeststellung. Solche Konflikte können zu Verzögerungen im Bauablauf und zu zusätzlichen Kosten führen, da der AN gezwungen ist, mit den fehlerhaften Plänen zu arbeiten, die nicht von ihm beeinflusst werden können. Insgesamt zeigt die Tabelle, dass der EHPV dem AN keine wesentlichen Vorteile im Hinblick auf die Planqualität oder -lieferung verschafft, außer es liegt eine vollständige und richtige Planung vor. Alle Risiken im Zusammenhang mit diesen Aspekten verbleiben somit beim AG. Dies unterstreicht die Bedeutung einer sorgfältigen und normgerechten Planerstellung durch den AG, um mögliche Streitigkeiten und Zusatzkosten während der Bauausführung zu vermeiden.

3.2.2 Pauschalpreisvertrag

In diesem Vertrag wird ein Pauschalpreis für die Erbringung bestimmter Bauleistungen als fester Preis vereinbart [Gmoser, 2023, S. 463]. Das bedeutet, dass die Vergütung der Leistungen unabhängig von den tatsächlich ausgeführten Mengen erfolgt und die Abrechnung nicht anhand von Aufmaßen durchgeführt wird. Der Pauschalpreisvertrag ist in zwei Formen gegliedert: den Detailpauschalpreisvertrag und den Globalpauschalpreisvertrag. Der Unterschied zwischen diesen

Vertragstypen liegt darin, dass bei einem Detailpauschalpreisvertrag (unechter Pauschalpreisvertrag) die Bauleistungen detailliert nach Einzelpositionen beschrieben werden und daher ein konstruktives Leistungsverzeichnis erstellt wird. Bei einem Globalpauschalpreisvertrag werden die Leistungen funktional beschrieben (echter Pauschalpreisvertrag) [Gmoser, 2023, S. 465].

Der Vorteil eines Pauschalpreisvertrags besteht darin, dass keine Abrechnung erforderlich ist und beide Vertragspartner*innen eine klare Vorstellung von erbrachter Leistung und der Höhe des Preises haben. Das Risiko von Mehr- und Mindermengen könnte sowohl für den AG als auch für den AN als Nachteil betrachtet werden. Bei Mengenminderungen müssen AG dennoch den pauschalierten Preis zahlen, während bei Mengenmehrungen AN denselben pauschalierten Preis erhält. Um diese Risiken zu minimieren, müssen die Art, Güte und der Umfang der Leistung bekannt sein [Gmoser, 2023, S. 45–48]. Nach Kropik liegt das Planqualitäts- und Planlieferungsrisiko bei einem Detailpauschalpreisvertrag in der Sphäre des Auftraggebers. Bei einem Globalpauschalpreisvertrag hingegen liegt dieses Risiko in der Sphäre des Auftragnehmers, da bei diesem Vertragstyp die Planungs- sowie die Bauleistungen anhand einer funktionalen Leistungsbeschreibung vergeben werden [Kropik, 2014, S. 639].

Die Vor-, Nachteile und die Sphärenzuordnung der Risiken bei Detailpauschalpreisvertrag hinsichtlich der Planqualität und -lieferung ist ähnlich wie beim EHPV (vgl. 3.2.1).

Die folgende Tabelle (Tab. 3.3) stellt die Vor-, Nachteile und die Sphärenzuordnung der Risiken bei Globalpauschalpreisvertrag hinsichtlich der Planqualität und -lieferung dar.

Tab. 3.3: Planqualität und -lieferung bei Globalpauschalpreisvertrag, Quelle: [eigene Darstellung]

Planqualität und -lieferung bei Globalpauschalpreisvertrag			
Sphäre	**Vorteile**	**Nachteile**	**Risiken**
AG	- Kein LV erforderlich - Beschreibung der Qualitätsanforderung	- Keinen bzw. geringen Einfluss auf die Planung u. Ausführung - Keine Planänderung durch AG - Klarer Vergleich der Angebote der Bieter*innen nicht möglich	- Qualitätsziel - Funktionale Beschreibung - Flexibilität bei Planänderungen - Mindermengenrisiko - Unvorhersehbare Ereignisse: z. B. Baugrundverhältnisse
AN	Vollen Einfluss auf die Planung und Ausführung	Erhöhung des Gewinns durch effizientere Planung	- Vollständigkeitsrisiko - Mehrmengenrisiko

Die obige Tabelle zeigt deutlich, dass bei einem Globalpauschalpreisvertrag, bei dem die vollständige Planung vom AN übernommen wird, der AG keinen Einfluss auf die Planqualität und -lieferung hat. Gemäß den ÖNORMEN werden die Gesamtrisiken hinsichtlich der Planqualität und -lieferung der Sphäre des AN zugeordnet. Der AN trägt somit bei einem Globalpauschalpreisvertrag das volle Risiko für die Vollständigkeit und Qualität der Planung.

Im Gegensatz dazu haftet der AG bei Bauvorhaben, bei denen die Entwurfs- bzw. Genehmigungsplanung vom AG bereitgestellt wird und somit die Grundlage für die Ermittlung der erforderlichen Leistungen des AN bildet, für eigene Planungsfehler. In diesem Fall übernimmt der AN das Kalkulationsrisiko, sodass Leistungen, die im

Leistungsverzeichnis nicht enthalten sind, aber zur Umsetzung erforderlich sind, vom Pauschalpreis umfasst werden.

3.2.3 Regiepreisvertrag

Der Regiepreisvertrag ist eine spezifische Art von Bauvertrag, der zwischen AN und einem AG abgeschlossen wird. In diesem Vertrag wird der Aufwand nach festgelegten Regiepreisen vergütet. Wenn die Leistung bereits in Vertrag beschrieben ist, handelt es sich um selbstständige Regieleistungen, und wenn die Leistung nach dem Vertragsabschluss einseitig abgerufen wird, entspricht das einer angehängte Regieleistung. Ein Regiepreisvertrag macht Sinn, wenn die Art, Güte und Umfang einer Leistung nicht erfassbar ist und die Vergabe der Leistung nicht nach dem Einheitspreisvertrag oder Pauschalpreisvertrag möglich ist [Gmoser, 2023, S. 59–62]. Gemäß der ÖNORM B 2110:2023, Punkt 6.4, werden die Voraussetzungen der Regieleistungen wie folgt beschrieben [ÖNORM B 2110, 2023, S. 26].

„Regieleistungen sind nur dann anzuordnen, wenn für erforderliche Leistungen keine zutreffenden Leistungspositionen vorhanden sind.

Leistungen werden nur dann zu Regiepreisen vergütet, wenn vom AG ihre Durchführung in Regie angeordnet oder ihrer Durchführung in Regie vom AG zugestimmt wurde".

Nach der ÖNORM B 2110:2023, Punkt 8.2.6.6.1, erfolgt die Abrechnung der Leistungen je nach Art der Leistungen [ÖNORM B 2110, 2023, S. 30].

„Regieleistungen werden nach der anerkannten Art und dem anerkannten Ausmaß abgerechnet, nämlich nach:

1) *Arbeitsstunden für Lohnempfänger,*

2) Arbeitsstunden für Gehaltsempfänger,

3) Aufzahlungen für Überstunden, Nacht-, Sonn- und Feiertagsstunden, Schichtarbeiten und Erschwernisse sowie Aufwendungen für Ersatzruhezeiten,

4) Material, Hilfsmaterial sowie – bei verhältnismäßig größeren Mengen – auch Nebenmaterial,

5) Gerätebeistellung und Betriebsstoffen,

6) Fremdleistungen,

7) Sonstige Kosten."

Wie bereits erwähnt, sind bei einem Regiepreisvertrag die Art, Güte und der Umfang der Leistungen zum Zeitpunkt des Vertragsabschlusses nicht festgelegt. Da keine detaillierten Pläne vorhanden sind und daher keine Pauschalisierung möglich ist, erfolgt die Vergütung auf Basis der tatsächlich angefallenen Kosten, die nach Regiepreisen abgerechnet werden. In diesem Fall ist der AN für die Planung und Ausführung zuständig, trägt jedoch kein Risiko für diese Aspekte. Der AG gibt die Regierechnung frei, sofern eine prüffähige Dokumentation der ausgeführten Leistungen, wie beispielsweise Regieberichte, vorliegt. Folglich trägt auch der AG kein Risiko bezüglich der Planqualität und -lieferung. In der Praxis wird Regie oft als Teil von Einheitspreis- oder Pauschalpreisverträgen vergeben.

Ein Beispiel aus der Praxis:

Fall: Sanierung der Fassade mit Wärmedämmverbundsystem (WDVS) 300 m², Tausch von alten EPS-F mit MW-PT:

Problematik: Nach der Entfernung des alten WDVS wurde bekannt, dass der Hintergrund an einigen Stellen Wärmebrücken aufweist, die sanierungsbedürftig sind:

- Einheitspreisvertrag:
    - Der AN fordert Mehrkosten für die Sanierung der Wärmebrücken
- Detail. -PPV:
    - Der AN fordert Mehrkosten für die Sanierung der Wärmebrücken
- Global. -PPV:
    - Der AN trägt die Vollständigkeitsrisiko

In diesem Fall besteht die Möglichkeit, dass die Sanierung der Wärmebrücken bei Einheitspreisvertrag und Detailpauschalpreisvertrag als Regieleistungen vergütet werden.

3.3 Traditionelle Vertragsmodelle

Im Allgemeinen gibt es in Österreich zwei Arten der Projektabwicklungsmodelle bei der Planung und Ausführung der Bauleistungen:

- Projektabwicklung mit Einzelvergabe,
- Projektabwicklung mit zusammengefasster Vergabe.

Unter Projektabwicklung mit Einzelvergabe versteht man die separate und unabhängige Vergabe aller Bau- und Dienstleistungen. Die Vergabe kann als Einheitspreisvertrag mit einer konstruktiven Leistungsbeschreibung, als Pauschalpreisvertrag oder als Regievertrag erfolgen [Thomas, 2008, S. 28]. Die Projektabwicklung mit zusammengefasster Vergabe kann verschiedene Modelle umfassen, wie zum Beispiel Generalunternehmer/-übernehmer, der für die Ausführung aller Bauleistungen verantwortlich ist, und Totalunternehmer/-übernehmer, der sowohl für die Planung als auch für die Ausführung zuständig ist [Thomas, 2008, S. 28].

In der Praxis kann eine Mischform der oben genannten Projektabwicklungsmodelle gebildet werden. Zum Beispiel können die Roh- und Ausbauarbeiten als Teil-Generalunternehmer (GU) vergeben werden, während die Haustechnikleistungen sowie die Elektro- und HKLS-Leistungen (Heizung, Klima, Lüftung und Sanitär) einzeln vergeben werden [Thomas, 2008, S. 28].

3.3.1 Einzelunternehmer (Einzelvergabe)

Einzelvergabe zählt zu den „klassischen Projektabwicklungsmethoden" auf Grundlage des Leistungsbeschreibung und Pläne. Bei dieser Vergabeform hat jedes Gewerk eine eigene Schnittstelle direkt mit dem AG [Kochendörfer, 2010, S. 62].

Folgende Abbildung (Abb. 3.4) zeigt die Struktur einer Vergabe mittels Einzelunternehmer:

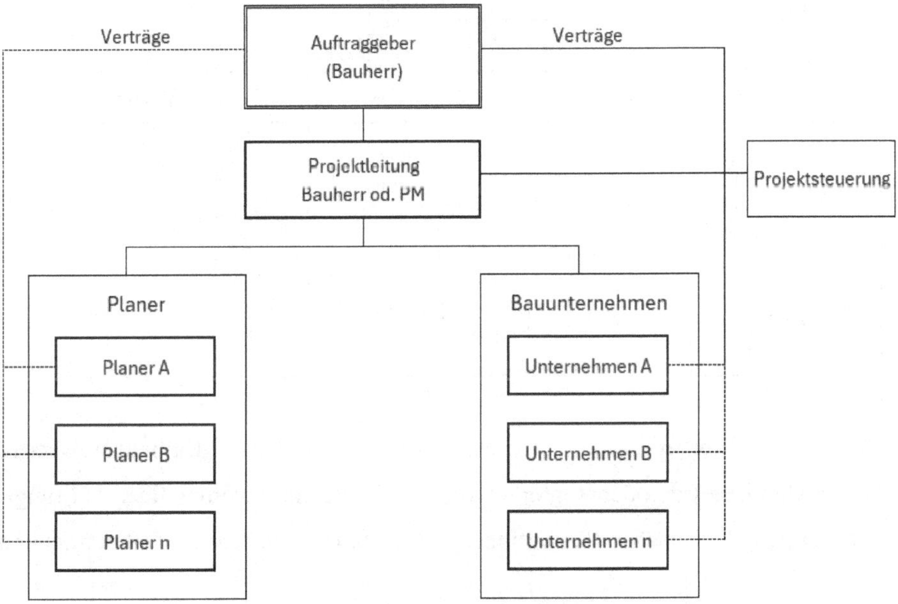

Abb. 3.4: Einzelvergabe von Bau- und Dienstleistungen, Quelle: [Kochendörfer, 2010, S. 63]

Aus Sicht des AG ist der Vorteil der Einzelvergabe, dass Auftraggeber*innen volle Flexibilität bei der Termingestaltung und Ausschreibung der einzelnen Leistungen sowie Einfluss auf die Kosten und Qualitäten haben. Allerdings muss der AG als direkte Schnittstelle zwischen allen Planer*innen und Gewerken einen erheblichen Aufwand für die Koordination der einzelnen Beteiligten in Kauf nehmen [Kochendörfer, 2010, S. 63] . Die folgende Tabelle stellt die Vor-, Nachteile und die Sphärenzuordnung der Risiken hinsichtlich der Planqualität und -lieferung dar bei Einzelvergaben dar:

Tab. 3.4: Planqualität und -lieferung bei Einzelvergabe, Quelle: [eigene Darstellung]

Planqualität und -lieferung bei Einzelvergabe			
Sphäre	**Vorteile**	**Nachteile**	**Risiken**
AG	Vollständige Kontrolle über die Planung und Ausführung	Hohe Planungs- u. Koordinations-aufwand für AG	- Planlieferung - Planqualität
AN	-	Keinen Einfluss auf die Planung	Mangelhafte Dokumentation

Bei der Einzelvergabe können Leistungen als Einheitspreisvertrag, Pauschalpreisvertrag oder Regiepreisvertrag abgerechnet werden. Der AG fungiert als Schnittstelle zwischen Planer*innen und ausführenden Firmen. Daher trägt er die volle Verantwortung und die damit verbundenen Risiken in Bezug auf die Planqualität und -lieferung.

3.3.2 Generalunternehmer/-übernehmer

Wie im vorherigen Kapitel erwähnt, ist der Koordinationsaufwand für den AG bei einer Einzelvergabe sehr hoch. Um diesen Aufwand und die Anzahl der Schnittstellen zu reduzieren, kann der AG die Bau- oder Dienstleistungen zusammengefasst an einen sogenannten Generalunternehmer (GU) vergeben. Die Leistungen bei einer GU-Vergabe können als Teil- oder Voll-GU vergeben werden. Das heißt, der AG kann einen Teil der Gewerke oder Planleistungen als GU vergeben und den Rest einzeln oder die Planleistungen als Generalplaner und alle Gewerke als Generalunternehmer vergeben. [Kochendörfer, 2010]. Folgende Abbildung (Abb. 3.5) zeigt die Struktur einer GU - Vergabe.

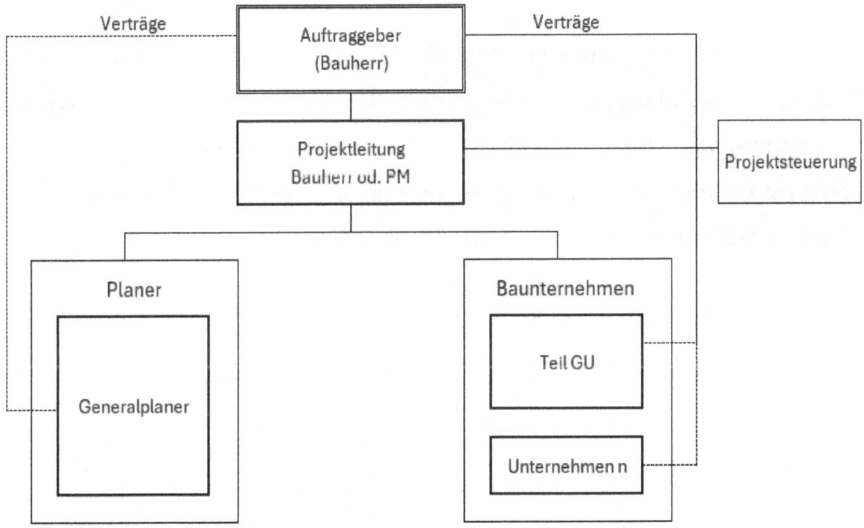

Abb. 3.5: Generalplaner und Teil GU, Quelle: [Kochendörfer, 2010, S. 65]

Um die Planqualität und rechtzeitige Planlieferungen zu gewährleisten, vergibt der AG die Ausführungsplanung oft an Generalunternehmer. Kann der GU die Ausführungsplanung nicht selbst übernehmen, schließt er einen eigenständigen Vertrag mit dem bzw. der Planer*in ab, der die Einreichpläne für den AG erstellt hat. Für den bzw. die Planer*in bedeutet dies einen Wechsel des AG [Kochendörfer, 2010, S. 65].

Bei der Variante mit einem bzw. einer Generalplaner*in und einem Teil-GU (vgl. Abb. 3.5) erhält der Generalunternehmer (GU) fertige Ausführungspläne im Maßstab mind. 1:50 mit allen erforderlichen Detailplänen. Dadurch kann der GU die Leistungen sehr genau kalkulieren und ein präzises Angebot abgeben. Allerdings hat die ausführende Firma nur wenig Einfluss auf die Wahrnehmung von Änderungen während der Bauphase und muss die damit verbundenen Risiken bereits bei ihren Subunternehmer berücksichtigen [Kochendörfer, 2010, S. 66].

Es gibt auch ein integriertes GU-Modell, bei dem der AN bzw. die ausführende Firma die Ausführungsplanung übernimmt. Der AN erstellt entweder selbst die Ausführungspläne oder vergibt diese Aufgabe an den bzw. die Planer*in, der bzw. die bis zur Einreichung die Pläne gezeichnet hat. Für die Planer*innen bedeutet dies einen Wechsel des AG [Kochendörfer, 2010, S. 66].

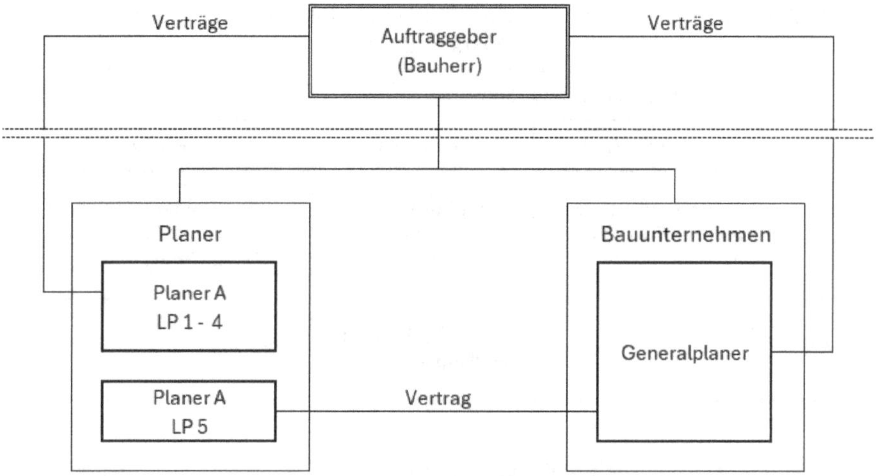

Abb. 3.6: Variante GU mit Ausführungsplanung, Quelle: [Kochendörfer, 2010, S. 65]

Bei dieser Variante (vgl. Abb. 3.6) spricht man von einer baubegleitenden Ausführungsplanung, wobei die ausführende Firma großen Einfluss auf die Gestaltung der Ausführungs- und Detailpläne hat. Dadurch kann die Bauzeit aufgrund des parallelen Verlaufs von Planung und Ausführung verkürzt werden, und die Planqualität sowie die zeitgerechte Planlieferung werden gewährleistet [Kochendörfer, 2010, S. 65]. Im Gegensatz zum Generalunternehmer (GU) vergibt der Generalübernehmer (GÜ) alle Leistungen an Dritte weiter. Der GÜ erbringt selbst keine Leistungen, sondern übernimmt nur die Projektmanagement-Funktion [Kochendörfer, 2010, S. 68].

Die folgende Tabelle stellt die Vor-, Nachteile und die Sphärenzuordnung der Risiken hinsichtlich der Planqualität und -lieferung bei einem GU mit Ausführungsplanung dar.

Tab. 3.5: Planqualität und -lieferung bei Generalunternehmer, Quelle: [eigene Darstellung]

Planqualität und -lieferung bei Generalunternehmer			
Sphäre	**Vorteile**	**Nachteile**	**Risiken**
AG	Geringer Planungs- u. Koordinations-aufwand	Wenig Einfluss auf die Planung und Ausführung	- Planqualität - Planlieferung
AN	-	Keinen Einfluss auf die Planung	Dokumentation

Bei der Generalunternehmer- sowie Einzelvergabe können Leistungen als Einheitspreisvertrag, Pauschalpreisvertrag oder Regiepreisvertrag abgerechnet werden. Der AG fungiert als Schnittstelle zwischen Planer*innen und ausführenden Firmen und trägt daher die volle Verantwortung für die Planqualität und -lieferung. Bei einem bzw. einer Generalübernehmer (GÜ), der die Leistungen an Dritte weitergibt, übernimmt dieser die AG-Funktion und trägt somit die Risiken hinsichtlich der Planqualität und -lieferung gegenüber den ausführenden Firmen.

Besonders interessant ist das integrierte GU-Modell, bei dem die ausführende Firma für die Ausführungsplanung verantwortlich ist. Dadurch entfallen für den AG die Risiken hinsichtlich der Planqualität und -lieferung. Dieses Modell gewährleistet eine hohe Qualität der Ausführungspläne, da die ausführende Firma von Anfang an in die Planung eingebunden ist [Kochendörfer, 2010, S. 65].

3.3.3 Totalunternehmer/-übernehmer

Beim Totalunternehmer (TU) beauftragt der AG sowohl die Planungsleistungen als auch die Durchführung der Bauleistungen. Bei einem bzw. einer Totalunternehmer hat das Projektmanagement (PM) nur eine oberflächliche Aufgabe: Es ist für die Prüfung des Leistungsumfangs verantwortlich und stellt sicher, dass die erbrachten Leistungen den Qualitätsvorgaben des Bauherrn entsprechen. Das PM hat bei einem TU keine Koordinationsfunktion.

Folgende Abbildung zeigt die Struktur eines bzw. einer Totalunternehmer/-übernehmer.

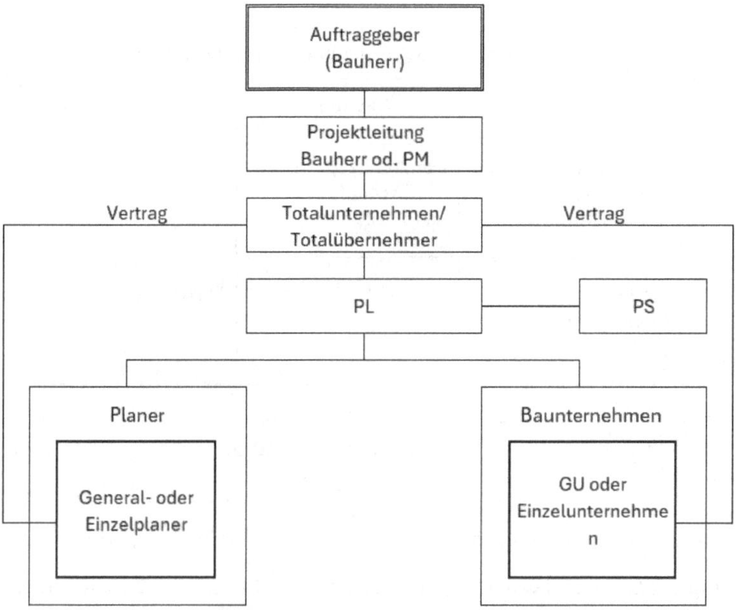

Abb. 3.7: Totalunternehmer/Übernehmer, Quelle: [Kochendörfer, 2010, S. 68]

Aus Sich des AG besteht der Nachteil des Totalunternehmers (TU) darin, dass der AG als Bauherr nur geringen Einfluss auf das Projekt hat. Die Planqualität und -lieferung stellen für den Bauherrn jedoch kein Risiko dar, da der AG diese Aufgaben an den Totalunternehmer oder Totalübernehmer delegiert. Totalunternehmer und Totalübernehmer sind besonders sinnvoll bei Investorenprojekten und Immobilienfonds [Kochendörfer, 2010, S. 68]. Die folgende Tabelle stellt die Vor-, Nachteile und die Sphärenzuordnung der Risiken hinsichtlich der Planqualität und -lieferung bei einem TU dar.

Tab. 3.6: Planqualität und -lieferung bei Totalunternehmer, Quelle: [eigene Darstellung]

Planqualität und -lieferung bei Totalunternehmer			
Sphäre	**Vorteile**	**Nachteile**	**Risiken**
AG	Keine Verantwortung hinsichtlich Planung und Ausführung	Der AG hat geringen Einfluss auf Planung und Ausführung.	-
AN	Kontrolle über Planung und Ausführung	-	Dokumentation

Die obige Tabelle verdeutlicht, dass der Auftraggeber beim Totalunternehmer keinen Vorteil und keinen Einfluss auf die Planqualität und -lieferung hat. Die gesamten Risiken bezüglich Planqualität und -lieferung liegen in der Verantwortung des Auftragnehmers. Bei einem Totalübernehmer (TÜ), der die Leistungen an Dritte weitergibt, übernimmt dieser ebenso wie der Generalübernehmer (GÜ) die AG-Funktion und trägt somit die Risiken hinsichtlich Planqualität und -lieferung gegenüber den ausführenden Firmen.

3.4 Alternative Vertragsmodelle

Immer häufiger kommen alternative Projektabwicklungsmodelle zum Einsatz. Der Grund dafür sind die zunehmenden Misserfolge bei der Abwicklung großer und komplexer Projekte. Bauherren beklagen sich in immer kürzeren Abständen über die wachsenden Konflikte in Bauprojekten [Karasek, 2018, baurecht.at]. Diese alternativen Vertragsmodelle sollen durch die frühzeitige Einbeziehung aller Projektbeteiligten einen kooperativen Rahmen schaffen. Dieser fördert eine gute Kommunikation, ermöglicht die rechtzeitige Erkennung von Risiken und trägt zur Sicherstellung des Projekterfolgs bei. In den folgenden Unterkapiteln werden einige dieser alternativen Vertragsmodelle detailliert beschrieben.

3.4.1 Partnering-Vertrag

Unter Partnering versteht man die enge Zusammenarbeit aller Beteiligten, einschließlich des AG, der Planer*in und der Bauunternehmen, die frühzeitig ein Team bilden, um das Bauprojekt gemeinsam und partnerschaftlich zu verwirklichen [Greiner, 2009, S. 307].

Alternative Projektabwicklungsmodelle zielen darauf ab, klassische Konflikte zwischen den Beteiligten zu verhindern oder zu verringern. Die frühzeitige Einbindung aller Parteien ermöglicht eine effizientere Planung und Koordination, eine optimale Ressourcennutzung und eine rechtzeitige Erkennung und Vermeidung von Risiken. Durch die frühe Einbindung von Planer*innen und Bauunternehmen wird die Qualität der Planung sichergestellt und die rechtzeitige Lieferung der Pläne und Zeichnungen gewährleistet.

Die VOB (Vergabe- und Vertragsordnung für Bauleistungen) in Deutschland schreibt ein partnerschaftliches Zusammenarbeiten der Baubeteiligten vor. So hat der BGH (Bunde2“sgerichtshof) 1999 u. a. entschieden [Greiner, 2009, S. 307].

1) *„Die Vertragsparteien eines VOB/B-Vertrages sind bei der Vertragsdurchführung zur Kooperation verpflichtet.*
2) *Entstehen während der Vertragsdurchführung Meinungsverschiedenheiten zwischen den Parteien über die Notwendigkeit oder die Art und Weise einer Anpassung des Vertrages oder seiner Durchführung an geänderte Umstände, sind alle Parteien grundsätzlich verpflichtet, durch Verhandlungen eine einvernehmliche Beilegung der Meinungsverschiedenheiten zu versuchen.“*

Die oben angeführte Entscheidung des Bundesgerichtshofs (BGH) ist in Deutschland rechtskräftig. Allgemein lässt sich daraus ableiten, dass die Vertragsparteien in einem Partnering-Vertragsmodell kooperativ miteinander umgehen und Konflikte intern und einvernehmlich besprechen und lösen sollten. Fachleute sind der Ansicht, dass Partnering-Vertagsmodell in der Theorie keine bedeutende Neuerung sei. Dennoch wird es in Mitteleuropa bis heute kaum praktiziert [Karasek, 2018, baurecht.at] .

Die folgende Tabelle stellt die Vor-, Nachteile und die Sphärenzuordnung der Risiken hinsichtlich der Planqualität und -lieferung bei einem Partnering-Vertrag dar.

Tab. 3.7: Planqualität und -lieferung bei Partnering-Vertrag, Quelle: [eigene Darstellung]

Planqualität und -lieferung bei Partnering-Vertrag			
Sphäre	**Vorteile**	**Nachteile**	**Risiken**
AG	Vollen Einfluss auf Planung und Ausführung	- Der Planungsprozess ist nicht wettbewerblich ausgestaltet - Die Planungsergebnisse hängen von einer einzelnen Baufirma ab - Schwer bei öffentlichen Aufträgen gemäß BVergG 2018 umsetzbar	Gemeinsame Risikosphäre
AN	Vollen Einfluss auf Planung und Ausführung	- Enorme kontinuierliche Kommunikationen u. Dokumentationen.	

Kooperative Vertragsmodelle sind in Österreich noch relativ neu. Es gibt nur wenig Literatur dazu und begrenzte Erfahrungswerte aus der Praxis. Zudem fehlen konkrete Richtlinien zur Umsetzung dieser Modelle im österreichischen Bauwesen. Dies erschwert eine transparente Ermittlung der Vor- und Nachteile dieser Modelle.

3.4.2 Design-Build-Vertrag

Der Design-Build-Vertrag ist ein modernes und bewährtes Projektabwicklungsmodell in den USA und Großbritannien, bei dem die Planung (Design) und Ausführung (Build) an AG vergeben werden. Da die Planung und

Ausführung aus einer Hand erfolgen, werden Schnittstellen reduziert, Kosten gesenkt, Planlieferverzögerungen vermieden, die Planungsqualität erhöht, Risiken rechtzeitig erkannt, die Projektdauer verkürzt und Nachträge verringert [Thomas, 2008, S. 30]. Der AN ist grundsätzlich verpflichtet, die Vorgaben des AG in zwei Phasen – Planung und Ausführung – zu erfüllen. In der Regel überprüft und genehmigt der bzw. die AG alle Phasen des Projekts. Zu Beginn legt der AG einen Termin- und Zeitrahmen fest, dem der AN folgen muss. Nach Abschluss jeder Phase legt der AN die Ergebnisse dem AG vor, der diese überprüft und freigibt [Thomas, 2008, S. 31].

Der AN erstellt eine erste Kostenschätzung und legt diese dem AG vor. Nach der Freigabe durch den AG beginnt der AN mit der Vorentwurfsplanung des Projekts. Nach Fertigstellung des Vorentwurfs wird dieser dem AG zur Überprüfung und Genehmigung vorgelegt. Nach der Freigabe setzt der AN die nächste Phase des Projekts um. Dies bedeutet, dass die Zustimmung des AG in jeder Planungsstufe erforderlich ist [Thomas, 2008, S. 32].

Um eine optimale Umsetzung des Design-Build-Verfahrens zu erreichen, ist ein deutlicher Fortschritt im Bereich der Digitalisierung erforderlich. Innovative Projektabwicklungsverfahren wie Building Information Modeling (BIM) ermöglichen es den Vertragsparteien, den gesamten Prozess digital darzustellen und allen Beteiligten zugänglich zu machen. Dies schafft die Möglichkeit, alles virtuell zu testen, bevor die tatsächliche Umsetzung erfolgt [real-group.com, 2022].
Die folgende Tabelle stellt die Vor-, Nachteile und die Sphärenzuordnung der Risiken hinsichtlich der Planqualität und -lieferung dar.

Tab. 3.8: Planqualität und -lieferung bei Design-Build-Vertrag, Quelle: [eigene Darstellung]

Planqualität und -lieferung bei Design-Build-Vertrag			
Sphäre	**Vorteile**	**Nachteile**	**Risiken**
AG	Einfluss auf Planung und Ausführung	- Der Planungsprozess ist nicht wettbewerblich ausgestaltet. - Die Planungsergebnisse hängen von einer einzelnen Baufirma ab.	-
AN	Vollen Einfluss auf Planung und Ausführung	Enorme kontinuierliche Kommunikationen	Planqualität und -lieferung

Die obige Tabelle zeigt deutlich, dass der AG beim Design-Build-Vertrag durch kooperative Zusammenarbeit Einfluss auf Planänderungen hat, obwohl er kein Risiko dafür trägt. Die Risiken hinsichtlich der Planqualität und -lieferung werden der Sphäre des AN zugeordnet, aber durch enge Zusammenarbeit rechtzeitig erkannt und neutralisiert.

3.4.3 Allianzvertrag

Alliancing ist ein kooperatives Projektabwicklungsmodell, das speziell für große und komplexe Bauprojekte entwickelt wurde. Dabei verpflichten sich alle Projektbeteiligten zu einer engen Zusammenarbeit, wobei Gewinne und Verluste gleichermaßen unter den Parteien aufgeteilt werden [Karasek, 2018, baurecht.at].

Das Allianzvertragsmodell ist grundsätzlich geeignet für Projekte im dynamisch-komplexen Umfeld. Ein dynamisch-komplexes Umfeld bedeutet, dass das Projekt mit erheblichen unvorhersehbaren Risiken konfrontiert ist, wodurch die tatsächliche Ausführung erheblich von der ursprünglichen Planung abweichen kann. Das bedeutet, dass die Zukunft des Bauprojekts nicht vollständig plan- und steuerbar ist. Mangelnde Informationen über das Umfeld, Baugrundverhältnisse, technologische Herausforderungen während der Ausführung sowie fehlende oder kaum wiederholbare Vorgänge, also keine standardisierten Abläufe bei der Ausführung, sind Merkmale eines dynamisch komplexen Bauvorhabens mit unvorhersehbaren Risiken [Deutschmann, 2023, S. 6–9]. In klassischen Bauverträgen versuchen die Vertragspartner*innen, die Risiken jeweils der anderen Partei zuzuordnen, was oft zu Mehrkosten, Streitigkeiten und Bauzeitverlängerungen führt. Bei einem Allianzvertragsmodell hingegen wird versucht, dass die Vertragsparteien kooperativ zusammenarbeiten und sich auf die Lösung konzentrieren [Deutschmann, 2023, S. 10].

Das Vergütungsmodell eines Allianzvertrages basiert auf Bonus-Malus-Regelungen und besteht aus drei Stufen. Die erste Stufe deckt die gesamten Baukosten ab. Die zweite Stufe umfasst die allgemeinen Geschäftskosten, Finanzierungskosten, Risiken und Gewinne. In der dritten Stufe werden zusätzliche Anreize für Übererfüllung sowie Strafzahlungen für unzureichende Leistungen berücksichtigt [Deutschmann, 2023, S. 11–12].

Folgende Abbildung beschreibt das Vergütungsmodell beim Allianzvertrag.

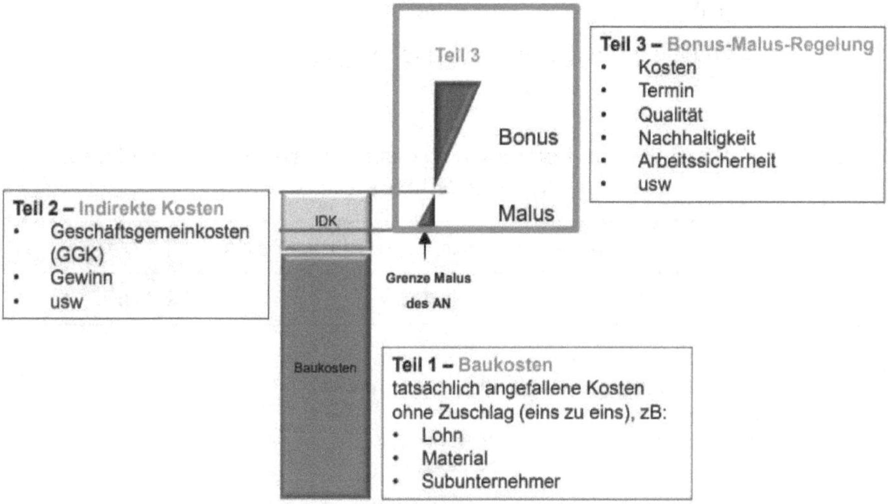

Abb. 3.8: Vergütungsmodell beim Allianzvertrag, Quelle: [Deutschmann, 2023, S. 11]

Beim Allianzvertrag wird eine gemeinsame Risikosphäre gebildet, der weitgehende Risiken zugeordnet werden. Dies ermöglicht eine höhere Lösungskompetenz und minimiert die Schadensauswirkungen [Deutschmann, 2023, S. 13–14].

Eine im Jahr 2012 in Österreich durchgeführte Untersuchung ergab, dass Allianzverträge vergaberechtlich umsetzbar sind. Besonders empfehlenswert sind sie jedoch für große und komplexe Bauprojekte. Die Untersuchung der Universität Kassel zeigt, dass Allianzen insbesondere für Projekte mit einem Volumen von über 80 Millionen Euro geeignet sind [Karasek, 2018]. Im Gegensatz zu traditionellen Projektabwicklungen bieten die moderne Projektabwicklungsmethoden einen kontinuierlichen Design-Flow, bei dem alle Beteiligten die Planung während ihrer Entwicklung einsehen und regelmäßig Kommentare und Vorschläge dazu abgeben können [Allison, 2017, S. 17].

Die folgende Tabelle stellt die Vor-, Nachteile und die Sphärenzuordnung der Risiken hinsichtlich der Planqualität und -lieferung dar.

Tab. 3.9: Planqualität und -lieferung bei einem Allianz-Vertrag, Quelle: [eigene Darstellung]

Planqualität und -lieferung bei Allianz-Vertrag			
Sphäre	**Vorteile**	**Nachteile**	**Risiken**
AG	Einfluss auf Planung und Ausführung	- Der Planungsprozess ist nicht wettbewerblich ausgestaltet. - Die Planungsergebnisse hängen von einer einzelnen Baufirma ab.	Gemeinsame Risikosphäre
AN	Vollen Einfluss auf Planung und Ausführung	- Enorme kontinuierliche Kommunikationen - Zeitverluste durch die Dokumentation	

Wie bereits angekündigt, sind kooperative Vertragsmodelle in Österreich noch relativ neu. Es gibt nur wenig Literatur dazu und begrenzte Erfahrungswerte aus der Praxis. Zudem fehlen konkrete Richtlinien zur Umsetzung dieser Modelle im österreichischen Bauwesen. Dies erschwert eine transparente Ermittlung der Vor- und Nachteile dieser Modelle.

3.5 Gegenüberstellung der Vertrags- und Projektabwicklungsmodelle hinsichtlich der Bestimmungen zur Planqualität und -lieferung

Wie bereits beschrieben, lassen sich die Projektabwicklungsmodelle im Bauwesen grob in zwei Hauptkategorien einteilen: die traditionellen und die modernen, integrierten oder alternativen Ansätze. Die klassischen Vertrags- und Projektabwicklungsmodelle gehören zu den am häufigsten verwendeten Modellen im österreichischen Bauwesen. Im Gegensatz dazu werden moderne bzw. alternative Modelle in Österreich bisher nur selten eingesetzt, außer bei einigen sehr großen Projekten. Daher gibt es nur begrenzte Literatur, die eine vertiefte Untersuchung aller Aspekte, insbesondere der Planqualität und -lieferung, sowie einen Vergleich mit den klassischen Methoden ermöglicht.

Moderne Projektabwicklungsmodelle, wie in Kapitel 3.4 behandelt, setzen auf kooperative und partnerschaftliche Vertragsformen, bei denen alle Projektbeteiligten vertraglich zur Zusammenarbeit verpflichtet sind. Diese enge Zusammenarbeit ermöglicht eine frühzeitige Risikoerkennung, verbessert die Kommunikation und steigert den Projekterfolg. Alternative Modelle sichern die Qualität der Planung und -lieferung, indem sie alle Beteiligten frühzeitig einbinden und die Risiken gleichmäßig auf alle Partner*innen verteilen. Dies schafft ein gemeinsames Verantwortungsbewusstsein durch vertraglich definierte Risikosphären. Ein Nachteil dieser modernen Vertragsmodelle ist jedoch, dass sie nur bei sehr großen und dynamisch komplexen Bauprojekten praktikabel sind, da sie mit hohen Kosten und erheblichem Management- sowie Koordinationsaufwand verbunden sind. Im Gegensatz dazu zeigen die traditionellen Projektabwicklungsmodelle in Österreich, wie in Kapitel 3.3 beschrieben, dass Probleme wie Planlieferverzug und mangelnde Planqualität bei Einzelvergaben von großer Bedeutung sind. Hier agiert der bzw. die Auftraggeber*in als Bauherr und Schnittstelle, wobei die Verantwortung und Risiken für die Planqualität und -lieferung in seiner Sphäre liegen. Bei Projektabwicklungsmodellen mit zusammengefasster Vergabe oder Totalunternehmer-/Totalübernehmer-Modellen, bei denen AN sowohl für die Planung als auch für die Ausführung verantwortlich ist, liegt das Risiko der Planqualität und -lieferung in der Verantwortung des AN. Wie in Kapitel 3.2 erläutert, unterscheiden sich die Vertragstypen nach der Art der Vergütung, z. B. Einheitspreisvertrag, Pauschalpreisvertrag und Regiepreisvertrag.

Im Wesentlichen lässt sich festhalten, dass die Planqualität und -lieferung bei alternativen Projektabwicklungs- und Vertragsmodellen, bei denen das Planungsrisiko nicht vom AG getragen wird, in dieser Masterarbeit nicht behandelt werden. Die unterschiedlichen Projektabwicklungs- und Vertragsmodelle können Herausforderungen zwischen AG und AN darstellen, da das Planungsrisiko häufig in die Sphäre des AG fällt. Beispiele hierfür sind Einzelvergaben, GU-Vergaben, Einheitspreisverträge und Detailpauschalpreisverträge. Die Tabelle Tab. 3.10 und Tab. 3.11 bieten einen Überblick über die verschiedenen Projektabwicklungsmodelle.

Die Rahmenbedingungen werden wie folgt definiert:

Rahmenbedingungen:

Inhalt: Beschreibt kurz den Inhalt einzelner Modelle.

Anwendung: Beschreibt, bei welchen Projekten die Modelle anwendbar sind, abhängig vom Umfang des Projekts. Die Kriterien werden wie folgt definiert:

- **Einfache Bauprojekte:** Bauprojekte mit planbarem Umfeld, geringer Risikobehaftung, bei denen vollständige Daten über die Umgebung vorliegen [Deutschmann, 2023, S. 6].
- **Komplexe Bauprojekte:** Projekte mit teilweise planbarem Umfeld, erkennbaren Risiken, bei denen nicht alle Daten über die Umgebung vollständig vorliegen.
- **Dynamisch komplexe Bauprojekte:** Projekte mit nicht planbarem Umfeld, hoher Risikobehaftung, bei denen unvollständige Daten über die Umgebung vorliegen [Deutschmann, 2023, S. 7].
- **Große Projekte:** Projekte, die ein zusätzliches Budget für den Mehraufwand der Kooperation bereitstellen. Laut einer Untersuchung der Universität Kassel sind Allianzverträge für Projekte ab 80 Mio. Euro geeignet [Karasek, 2018, baurecht.at].

Planqualität: Planqualität beschreibt, wie gut die Planungsarbeiten durch das jeweilige Modell in der Regel steuerbar sind. Die Bewertung erfolgt auf einer Skala von 1 bis 5, wobei 1 für "sehr gut steuerbar" und 5 für "nicht gut steuerbar" steht. Die Kriterien sind:

- **Richtigkeit der Pläne:** Entsprechung der Pläne zu relevanten Bauvorschriften und Normen sowie deren technische Umsetzbarkeit.
- **Detaillierungsgrad und Genauigkeit der Pläne:** Detaillierungsgrad der technischen Pläne und Konstruktionsdetails.
- **Vollständigkeit der Pläne:** Abdeckung aller notwendigen Aspekte des Projekts.
- **Koordination zwischen Gewerken:** Koordination der Pläne zwischen den verschiedenen Gewerken und Projektbeteiligten.

- **Flexibilität:** Anpassungsfähigkeit der Pläne an Veränderungen und unvorhersehbare Umstände.

Abhängigkeit Planlieferung: Dies beschreibt, wie gut bzw. effektiv Planlieferungen, einschließlich Änderungen, fristgerecht umgesetzt werden können. Die Bewertung erfolgt auf einer Skala von 1 bis 5, wobei 1 für "sehr gut steuerbar" und 5 für "nicht gut steuerbar" steht. Die Kriterien sind:

- **Pünktlichkeit der Lieferung:** Pläne werden innerhalb der vereinbarten Fristen geliefert.
- **Zuverlässigkeit der Lieferung:** Konsistenz der Pläne in Bezug auf Terminvereinbarungen.
- **Verantwortlichkeit der Planlieferung:** Klarheit darüber, wer für die Bereitstellung der Pläne verantwortlich ist.
- **Dokumentation und Nachverfolgbarkeit:** Umfassende und nachvollziehbare Dokumentation der Planlieferungen.
- **Koordination der Planlieferung:** Effektive Koordination zwischen den Projektbeteiligten zur Sicherstellung rechtzeitiger Planlieferungen.

Risikoverteilung bzw. Sphärenzuordnung: Beschreibt, wer die Verantwortung und Risiken für die Planqualität und -lieferung trägt.

Tab. 3.10: Gegenüberstellung der Vertrags- u. Projektabwicklungsmodelle – Planqualität, Quelle: [eigene Darstellung]

Modell	Inhalt	Anwendung	Planqualität									
			Richtigkeit		Detaillierungsgrad		Vollständigkeit		Flexibilität		Koordination	
			Sphäre:	Steuerbarkeit:	Sphäre:	Steuerbarkeit:	Sphäre:	Steuerbarkeit:	Sphäre:	Steuerbarkeit:	Sphäre:	Steuerbarkeit:
Einzelvergabe	Einzelvergabe aller Bau- u. Dienstleistungen an verschiedene Fachunternehmen.	Einfache Bauprojekte	AG	2	AG	2	AG	2	AG	3	AG	2
GU/GÜ	Generalunternehmer/Generalübernehmer übernehmen die Gesamtverantwortung für Bauleistungen bzw. auch für Planungsleistungen.	Einfache bis komplexe Bauprojekte	AG	3	AG	3	AG	3	AG	4	AG	4
TU/TÜ	Totalunternehmer/Totalübernehmer sind für Planung und Ausführung verantwortlich. Vergabe aller Bau- u. Dienstleitungen an TU / TÜ.	Komplexe Bauprojekte, Investitionsprojektel	AN	4	AN	4	AN	4	AN	4	AN	5
Partnering	Kooperatives Modell, bei dem AG und AN partnerschaftlich zusammenarbeiten. Es fallen zusätzliche Kosten für Kooperation an.	Komplexe bis große Projekte	AG	2	AG	2	AG	2	AG	2	AG	2
Design-Build	Planung u. Ausführung in einem einzigen Vertrag zusammengefasst. Der AG hat vollen Einfluss auf der Planung u. Ausführung Es fallen zusätzliche Kosten für Kooperation an.	Komplexe Bauprojekte	AN	2	AN	2	AN	2	AN	2	AN	2
Allianz	Integriertes Team aus AG und AN arbeitet gemeinsam an Planung und Ausführung. Ein sehr kooperativ Modell mit einem gemeinsamen Vertrag, Es sind zusätzliche Kosten für Kooperation erforderlich.	Dynamisch komplexe bis große Projekte	AG	1	AG	1	AG	1	AG	1	AG	1

Bei der Einzelvergabe kann der AG die einzelnen Fachplaner*innen und Gewerke direkt überwachen, was die Qualität steigern kann. Allerdings kann der erhöhte Aufwand und die komplexe Koordination zu Verzögerungen bei den Lieferungen führen. Bei einem Generalplaner hat der AG weniger Einfluss auf die Qualität und Lieferung der Pläne, da die Leistungen gebündelt vergeben werden. Bei einem GU, wo rein die Bauleistungen vergeben werden, hat der AG weiterhin Einfluss auf die Planqualität, wenn diese mittels Einzelvergaben an Planer*innen beauftragt werden. Hierbei übernimmt der GU lediglich die Risiken für die Qualität der Werkpläner seiner Subunternehmer.

Bei kooperativen Vertragsmodellen wie Partnering und Allianz wird die Qualität und rechtzeitige Lieferung der Pläne durch eine vertraglich vereinbarte enge Zusammenarbeit sowie die frühzeitige Einbindung der Planer*innen und der ausführenden Firma sichergestellt. Dadurch wird das Thema Planqualität und -lieferung effektiv gelöst. Diese Modelle sind insbesondere bei komplexen, dynamisch komplexen und großen Projekten wirtschaftlich vorteilhaft (vgl. Tab. 3.10 und Tab. 3.11).

Tab. 3.11: Gegenüberstellung der Vertrags- u. Projektabwicklungsmodelle – Planlieferung, Quelle: [eigene Darstellung]

Modell	Inhalt	Anwendung	Planlieferung: Pünktlichkeit – Sphäre	Pünktlichkeit – Steuerbarkeit	Zuverlässigkeit – Sphäre	Zuverlässigkeit – Steuerbarkeit	Verantwortlichkeit – Sphäre	Verantwortlichkeit – Steuerbarkeit	Dokumentation – Sphäre	Dokumentation – Steuerbarkeit	Koordination – Sphäre	Koordination – Steuerbarkeit
Einzel-vergabe	Einzelvergabe aller Bau- u. Dienstleistungen an verschiedene Fachunternehmen.	Einfache Bauprojekte	AG	4	AG	4	AG	3	AN	2	AG	3
GU/GÜ	Generalunternehmer/Generalübernehmer übernehmen die Gesamtverantwortung für Bauleistungen bzw. auch für Planungsleistungen.	Einfache bis komplexe Bauprojekte	AG	3	AG	4	AG	2	AN	2	AG	4
TU/TÜ	Totalunternehmer/Totalübernehmer sind für Planung und Ausführung verantwortlich. Vergabe aller Bau- u. Dienstleitungen an TU / TÜ.	Komplexe Bauprojekte, Investitions-projektel	AN	4	AN	3	AN	3	AG	2	AN	5
Partnering	Kooperatives Modell, bei dem AG und AN partnerschaftlich zusammenarbeiten. Es fallen zusätzliche Kosten für Kooperation an.	Komplexe bis große Projekte	AG	2	AG	2	AG	2	AN	2	AG	2
Design-Build	Planung u. Ausführung in einem einzigen Vertrag zusammengefasst. Der AG hat vollen Einfluss auf der Planung u. Ausführung Es fallen zusätzliche Kosten für Kooperation an.	Komplexe Bauprojekte	AN	1	AN	2	AN	2	AG	2	AN	2
Allianz	Integriertes Team aus AG und AN arbeitet gemeinsam an Planung und Ausführung. Ein sehr kooperativ Modell mit einem gemeinsamen Vertrag, Es sind zusätzliche Kosten für Kooperation erforderlich.	Dynamisch komplexe bis große Projekte	AG	1	AG	1	AG	1	AN	1	AG	1

Aus den klassischen Projektabwicklungsmodellen, die im Kapitel 3.3.3 „Totalunternehmer/-übernehmer“ behandelt werden, und den modernen Projektabwicklungsmodellen, die im Kapitel 3.4.2 „Design-Build-Vertrag“ beschrieben sind, lässt sich ableiten, dass beide Modelle in vielerlei Hinsicht Ähnlichkeiten aufweisen. Beide Ansätze integrieren Planung und Ausführung in einem zentralen Verantwortungsbereich, wodurch Schnittstellenprobleme reduziert und die Koordination der Projektbeteiligten verbessert werden. Der wesentliche Unterschied zwischen den beiden Modellen liegt darin, dass beim Design-Build-Vertrag die enge Zusammenarbeit und Kooperation der Beteiligten vertraglich festgelegt ist. Dies ermöglicht dem AG eine nähere Überwachung der Planung und Ausführung sowie einen stärkeren Einfluss auf diese Prozesse.

Im weiteren Verlauf dieser Arbeit liegt der Fokus auf der Analyse der Planqualität und -lieferung innerhalb der Projektabwicklung. Es wird untersucht, wie verschiedene Projektabwicklungsmodelle die Qualität und Pünktlichkeit der Planung beeinflussen und welche bauwirtschaftlichen Folgen, Planverzögerungen sowie mangelnde Planqualität nach sich ziehen können. Ziel ist es, ein umfassendes Verständnis für die Auswirkungen von Planlieferverzug und unzureichender Planqualität auf den Projekterfolg zu entwickeln und mögliche Verbesserungspotenziale aufzuzeigen.

4 Planqualität und -lieferung in der Projektabwicklung

Der digitale Wandel ist auch in der Baubranche spürbar, vor allem durch Ansätze wie Building Information Modelling (BIM) und Lean Management. Damit die Bauindustrie erfolgreich von der Digitalisierung profitiert, sind ein Umdenken, Mut zur Veränderung und einheitliche Standards erforderlich [Neubauer, 2019]. Aber welche konkreten Effekte haben diese Methoden auf die Qualität und Lieferung von Plänen? Im Kapitel 3 wurden bereits verschiedene Vertragsmodelle sowie deren Umgebung hinsichtlich Planqualität und -lieferung beschrieben. Dieses Kapitel untersucht, wie moderne Ansätze wie Lean Management und Building Information Modeling (BIM) die Qualität und Effizienz der Planlieferung beeinflussen. Es wird analysiert, wie diese Methoden die Zusammenarbeit verbessern und Best Practices für eine erfolgreiche Umsetzung aufgezeigt.

4.1 Lean Construction

Nach dem Zweiten Weltkrieg wurde das Toyota Production System (TPS) aufgrund wirtschaftlicher Krisen und Ressourcenknappheit entwickelt. Der Kern dieser Theorie bestand darin, Verschwendungen im Produktionsprozess zu vermeiden oder zu verringern und die Produktivität zu maximieren [Schwarz, 2018, S. 407-422]. Später wurde der Begriff Lean in der Studie „The Machine That Changed the World“, geprägt [P. Womack, 1990]. Diese Studie wurde im Rahmen des International Motor Vehicle Program am Massachusetts Institute of Technology (MIT) veröffentlicht

Die Grundlagen des Lean-Prinzips werden durch das folgende Zitat verdeutlicht:

„Lean zeigt einen Weg, den Wert zu erkennen, die wertschöpfenden Tätigkeiten in der besten Abfolge zu organisieren und die Aktivitäten ohne Unterbrechung

auszuführen, wann immer sie jemand nachfragt, um sie schließlich immer effektiver auszuführen." [P. Womack, 2013, S. 23].

Später wurde der Begriff Lean Production, der ursprünglich nur die Produktion von Waren abdeckte, weiterentwickelt und in die Führungsebene integriert. Dies führte zur Entstehung des Begriffs Lean Management, einer wertorientierten Philosophie für die effiziente und schlanke Organisation des gesamten Unternehmens [Wieser, 2010, S. 9].

Im Bauwesen wurden Lean Construction-Prinzipien entwickelt, um Bauprojekte sowie die Planungs- und Bauprozesse zu optimieren. Ziel ist es, die Produktivität zu maximieren, Verschwendungen im Bauprozess zu minimieren, die Effektivität der Arbeitsabläufe und Terminvorgänge zu steigern und die Effizienz zu erhöhen. Durch die Anwendung von Lean-Prinzipien im Bauwesen wird eine nachhaltigere und effizientere Projektabwicklung ermöglicht, die sowohl Kosten als auch Zeit spart und die Qualität der Bauprojekte verbessert [Berner, 2013, S. 7]. In klassischen Projektabwicklungsmodellen wird oft geglaubt, dass Planung, Fachplanung und Ausführung lineare Prozesse sind. Lean wurde entwickelt, um diese Prozesse zu rekonstruieren und sie als hocheffiziente, nicht-lineare Prozesse darzustellen. Lean führt zu einer Wertsteigerung der Abläufe und einer Optimierung der Prozesse in einem Bauprojekt [Thomsen, 2010, S. 16].

Um die Methoden und Werkzeuge von Lean optimal zu nutzen, müssen die Projektbeteiligten eine neue Denkweise adaptieren. Sie sollten den Erfolg des Projekts anstelle des eigenen Erfolges priorisieren. Es gibt eine Reihe von Lean-Werkzeugen, die dann eingesetzt werden sollten, wenn sie eine Wertsteigerung im Projektablauf bewirken und Verschwendungen minimieren [Thomsen, 2010, S. 18].

Die folgende Abbildung stellt die Werkzeuge von Lean Construction dar, die bei der Planung und Ausführung eingesetzt werden.

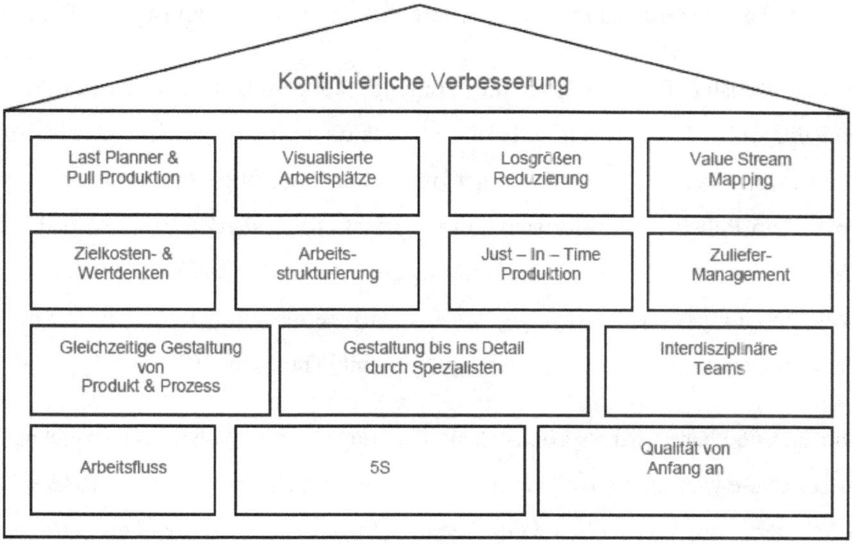

Abb. 4.1: Lean Werkzeugen

In der weiteren Folge werden die Werkzeuge, die die Planqualität und -lieferung direkt beeinflussen, ausführlich beschrieben

Last Planner System (LPS):

LPS ist ein Werkzeug des Lean Managements zur Optimierung der Planung und Ausführung, bei dem die Projektmanagementaufgaben als Produktionsmanagement erweitert werden. Dies ermöglicht dem letzten Planer, der auf der Baustelle für die Ausführung verantwortlichen Person (in der Regel den Bauführer*innen), die erforderlichen Entscheidungen unter vorgegebenen Zielen zu treffen und den Bauablauf ständig zu aktualisieren [Wieser, 2010, S. 40]. Nach LPS wird die Planung in einem Bauprojekt in verschiedene Phasen unterteilt. In der ersten Phase

„Milestone Planing“ werden grob die Ziele des Projektes und die Meilensteine als vorläufige Daten in Form eines Rahmenterminplans auf der Projektleitungsebene erstellt, die eine Grundlage für die weitere Planung bilden [Thomsen, 2010, S. 24].

In der nächsten Phase werden die Vorgänge kooperativ nach dem Pull-Prinzip geplant, wobei Pufferzeiten entfernt und Abläufe optimiert werden. Das bedeutet, Meilensteine werden nicht linear geplant, sondern wichtige Meilensteine werden unter dem Pull-Prinzip priorisiert. Im Gegensatz dazu werden beim Push-Prinzip, einem „schiebenden Verfahren“, Vorgänge und die nächste Stufe in der Wertschöpfungskette unabhängig vom Bedarf hergestellt. Diese Phase wird als Phase Schedule „Phasenterminplanung“ genannt [Thomsen, 2010, S. 24].

Die nächste Phase wird als Look-Ahead Planning (Vorschauplanung) bezeichnet. In dieser Phase werden die Abläufe und Vorgänge vertieft überwacht, um Risiken und Störungen, die den Bauablauf beeinträchtigen könnten, zu erkennen und einzuschränken, sodass ein reibungsloser Baubeginn und eine fristgerechte Fertigstellung gewährleistet sind. Diese Phase wird auch als Make-Ready-Process bezeichnet, in der die Vorgänge für zukünftige Arbeiten vorbereitet werden [Thomsen, 2010, S. 25].

Die letzte Phase des LPS ist die Weekly Work Planning (Wochenplanung), in der die Arbeitspakete sehr genau für die folgende Woche mit den relevanten Gewerken festgelegt werden. In dieser Phase werden wöchentliche LPS-Besprechungen eingeführt, bei denen der Last Planner (in der Regel Baupolier*in oder Bauleiter*in) mit den Ansprechpartnern der jeweiligen Gewerke, Lieferanten und allen Beteiligten, die in der nächsten Woche eine Leistung erbringen müssen, die Ziele für die folgende Woche festlegt. Die Abläufe werden täglich überwacht,

Abweichungen dokumentiert und diese Aufzeichnungen bilden eine Grundlage für zukünftige Projekte [Thomsen, 2010, S. 25].

Das Lean Projekt Delivery System (LPDS):

In klassischen Projektabwicklungsmodellen wird das Projekt in verschiedene Phasen unterteilt (vgl. Kapitel 2.4), wobei jede Phase von bestimmten Projektbeteiligten bearbeitet wird. Diese Abwicklungsmodelle führen oft zu Komplikationen, die eine Überbudgetierung und eine verspätete Übergabe verursachen. LPDS bindet alle Projektbeteiligten, wie AG, Planer*in und ausführende Firmen, aus allen klassischen Phasen in einen einheitlichen Vertrag ein, der als großer Schirm betrachtet wird. LPDS ist in fünf Phasen unterteilt, wobei die Beteiligten berechtigt sind, in jeder Phase einzugreifen und gemeinsam am Entscheidungsprozess mitzuwirken [LeanConstructionInstitut.org].

Die fünf Phasen des LPDS sind:

1. Project Definition (Projektdefinition)
2. Lean Design (Lean-Planung)
3. Lean Lieferung (Lean-Supply)
4. Lean Assembly (Lean-Ausführung)
5. Use (Nutzungsphase)

In allen oben genannten Phasen arbeiten die Projektbeteiligten kooperativ miteinander. Jeder Projektbeteiligte nimmt am Entscheidungsprozess teil, und die Vorschläge sowie Meinungen jedes Beteiligten werden ernst genommen. Durch Rückkopplung in jeder Phase können die Projektbeteiligten Änderungen anpassen und neu definieren [Wieser, 2010, S. 46]. Diese schlanke Zusammenarbeit aller

Beteiligten steigert die Qualität der Pläne und gewährleistet eine zeitgerechte Lieferung der Pläne.

Es gibt auch weitere Werkzeuge der Lean Construction, wie *Target Value Design*, bei dem die Planung auf den Projektwerten basiert. *Value Stream Mapping*, dass die Schritte eines Projektes (Wertstrom), den Fertigungsstrom, Entwicklungsstrom und Dienstleistungsstrom darstellt, um zu zeigen, wie Werte entstehen und um versteckte Verschwendungen zu identifizieren [Thomsen, 2010, S. 18–26].

Um die oben angeführten Werkzeuge optimal zu nutzen, müssen die Vertragspartner*innen die *Lean behaviors* (Lean-Verhaltensweisen) adaptieren. Diese Verhaltensweisen fördern eine kollektive und kooperative Projektleistung. Zusammenarbeit, Vertrauen, ständige Verbesserung und agiles Management sind die Verhaltensweisen, die jeder Projektbeteiligte bei einem Lean-Construction-Projekt mitbringen muss [Thomsen, 2010, S. 26–29].

Die folgende Tabelle stellt die Vor- und Nachteile von Lean Construction hinsichtlich der Planqualität und -lieferung dar.

Tab. 4.1: Vor- u. Nachteile von Lean Construction hinsichtlich der Planqualität u. -lieferung, Quelle: [eigene Darstellung]

Vor- und Nachteile Lean Construction	
Vorteile	- Durch kooperative und enge Zusammenarbeit der Vertragspartner*innen steigt das Erfolgspotenzial des Bauprojekts. - Schafft einen guten Informations- und Kommunikationsraum zwischen den Beteiligten. - Maximiert die Produktivität - Minimiert Verschwendungen - Optimiert die Prozesse - Minimiert Claims - Verkürzt die Bauzeit

	- Senkt die Kosten - Durch ständige Überwachung wird die Qualität gesteigert und eine termingerechte Lieferung gewährleistet.
Nachteile	- Für die Schulung der Mitarbeiter*innen ist eine Investition nötig. - Für die optimale Nutzung der Lean-Werkzeuge ist es erforderlich, Lean-Verhaltensweisen zu adaptieren. - Neue Werkzeuge erfordern neue Arbeitsstile, was für einige eine Herausforderung sein kann.

In der Darstellung erkennt man, dass Lean Construction viele Vorteile für ein Projekt mitbringt. Allerdings müssen auch die zusätzlichen Kosten für das Lean-Management-Team und der Wandel von einer klassischen Denkweise hin zu neuen Lean-Prinzipien berücksichtigt werden.

"Lean is a philosophy, culture and discipline with a set of preferred behaviors and a continually increasing repertoire of tools. Learning Lean is hard, disciplined work and requires participants to unlearn many behaviors that worked well in a traditional setting but are antithetical to the Lean experience [Thomsen, 2010, S. 18]"

4.2 Building Information Modeling (BIM)

Die ISO 19650:2018 „Managing Information with Building Information Modelling (BIM)" definiert BIM als:

„Nutzung eine untereinander zur Verfügung gestellten digitalen Repräsentation eines Assets zur Unterstützung von Planungs-, Bau- und Betriebsprozessen als zuverlässige Entscheidungsgrundlage [ISO 19650-1:2018]"

Das Herzstück von BIM ist ein Cloud-basiertes digitales Modell, das es allen Projektbeteiligten – einschließlich Planer*innen, Fachplaner*innen, ausführenden Unternehmen, Projektleiter*innen, Manager*in und der örtlichen Bauaufsicht (ÖBA) – ermöglicht, Informationen digital zu kommunizieren und auszutauschen. Dieses Modell wird über den gesamten Lebenszyklus des Projekts hinweg genutzt. Die Informationen werden in Form von Geometrien (Plänen) und alphanumerischen Daten (Projektdaten) dargestellt. Alle am Projekt beteiligten Fachleute bearbeiten diese Daten individuell auf dem gleichen Modell. Dieses Modell bündelt alle Informationen, die von den verschiedenen Beteiligten geliefert werden, und stellt sie allen Projektbeteiligten zur Verfügung [Eichler, 2023, S. 26]. BIM-Modelle müssen drei Kriterien erfüllen: Sie müssen so dargestellt werden, dass sie für alle am Projekt beteiligten Fachleute lesbar sind, für viele dieser Fachleute kommunizierbar, aber nur für wenige änderbar sein [Eichler, 2023, S. 46].

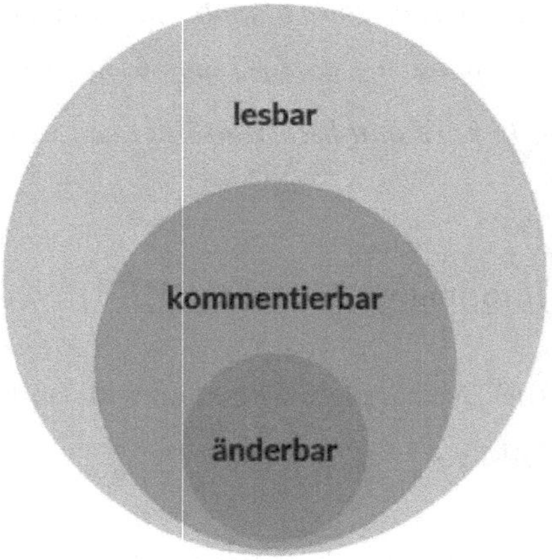

Abb. 4.2: Kriterien der BIM-Modelle, Quelle: [Eichler, 2023, S. 46]

Building Information Modeling (BIM) ermöglicht es, Daten ortsunabhängig in einer gemeinsamen Datenumgebung (Common Data Environment – CDE) zu bearbeiten.

Dies erlaubt Fachleuten, durch die frühzeitige Anbindung aller Beteiligten und die parallele Bearbeitung von Daten in einem gemeinsamen Modell, Fehler rechtzeitig zu erkennen und die Daten bestmöglich zu optimieren. Es gibt verschiedene Stufen, die den Informationsbedarf in einem Projekt festlegen (LOIN – Level of Information Need), entsprechend den Informationsbedürfnissen des Auftraggebers (AG) [Eichler, 2023, S. 26].

Zum Beispiel:

- **LOG – Level of Geometry**: Definiert die geometrischen Anforderungen von der Vorentwurfsplanung bis hin zur Entwurfs-, Ausführungs- und Detailplanung.

- **LOI – Level of Information**: Bezeichnet die Bedürfnisse in Bezug auf alle Projektdaten.

Die Grundleistungen von BIM und deren Rollen sind nicht in Leistungsbildern wie beispielsweise der HOA oder LM.VM (Honorarordnung für Architekten, Leistungmodelle Vergütungsmodelle) definiert. Deshalb hat buildingSMART Austria die BIM-Leistungsmodelle (LM.BIM) beschrieben, die seit 2019 in verschiedenen Projekten eingesetzt wurden.

Die wichtigen Rollen nach diesem Leistungsbild sind [Eichler, 2023, S. 40]:

- **BPL – BIM-Projektleistung (AG)**: BPL ist zuständig für die Definition der Rahmenbedingungen des Projekts und verantwortlich für die Erstellung der AIA (Auftraggeber-Informations-Anforderungen) bzw. EIR (Employer Information Requirements)
- **BPS – BIM-Projektsteuerung (AG)**: Die BPS vertritt die Interessen des Auftraggebers bei der Überwachung und Freigabe des BAP (BIM-Projekt-

Abwicklungs-Plan) bzw. BEP (BIM Execution Plan), sofern die Anforderungen der AIA (Auftraggeber-Informations-Anforderungen) erfüllt sind.

Folgende Abbildung stellt den Prozess BAP (BIM-Projekt-Abwicklungs-Plan) deutlich dar:

Abb. 4.3: Prozesse der Info.-Anforderung für BAP, Quelle: [Eichler, 2023, S. 43]

- **BIM-M – BIM-Management (AG):** Laut den neuen Leistungsbildern (LM.BIM 2022) werden die Aufgaben der BIM-Projektleitung (BPL) und BIM-Projektsteuerung (BPS) von BIM-Manager*innen übernommen. Das bedeutet, dass der bzw. die BIM-Manager*in sowohl die Verantwortung für das BIM-Projektmanagement als auch für die BIM-Projektsteuerung tragen kann [Eichler, 2023, S. 42].
- **BGK – BIM-Gesamtkoordination (AN)**: Der BGK ist zuständig für die Koordination der Fachkoordination und die Erstellung des BAP (BIM-Projekt-Abwicklungs-Plan). Der BGK fungiert als Ansprechpartner*in für die

an der Ausführung beteiligten Parteien und übermittelt die Bedürfnisse der AN sowie die Anforderungen der BIM-Fachkoordination [Eichler, 2023, S. 42].

- **BFK – BIM-Fachkoordination (AN)**: Die BIM-Fachkoordination (BFK) ist verantwortlich dafür, das Fachmodell zu erstellen und in geprüfter Form bereitzustellen. Dabei sorgt die BFK für die notwendige Abstimmung mit anderen Fachkoordinationen (BFK), um sicherzustellen, dass alle Modelle konsistent und konfliktfrei integriert werden [Eichler, 2023, S. 42].

Das folgende Organigramm zeigt die Rollen und Zuständigkeiten der Fachleute in einem BIM-Projekt:

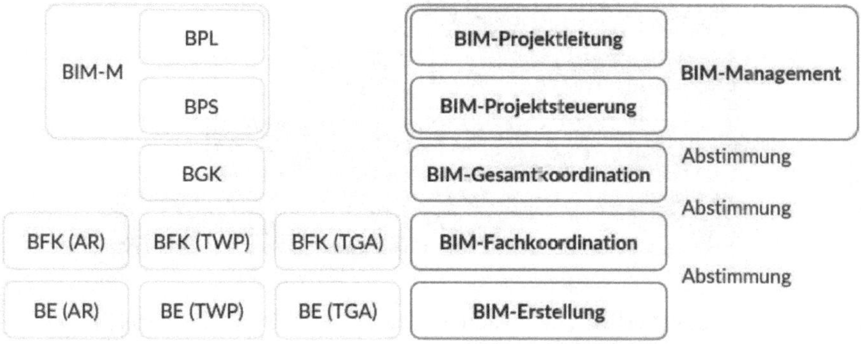

Abb. 4.4: Rollen im BIM Projekt, Quelle: [Eichler, 2023, S. 42]

Das Organigramm verdeutlicht die Rollen und Zuständigkeiten, die in einem BIM-Projekt erforderlich sind, um eine nahtlose Zusammenarbeit und effiziente Projektabwicklung sicherzustellen. Jede Rolle trägt spezifisch dazu bei, dass die Projektdaten präzise und aktuell bleiben und dass die Kommunikation zwischen den verschiedenen Fachbereichen reibungslos verläuft. Durch die klare Definition der Verantwortlichkeiten und die Nutzung eines gemeinsamen Datenmodells wird das Potenzial von BIM voll ausgeschöpft, was letztendlich zu besseren Projektergebnissen und einer höheren Qualität in der Bauausführung führt. Wie bereits angekündigt, ist BIM keine Software, sondern ein digitales Modell, dass es allen Projektbeteiligten ermöglicht, Informationen und Daten in allen Phasen des Projekts zu erfassen. Diese Daten werden als verschiedene Dimensionen in einem BIM-Modell unterschieden. Die folgende Abbildung zeigt diese Dimensionen von BIM-Modellen

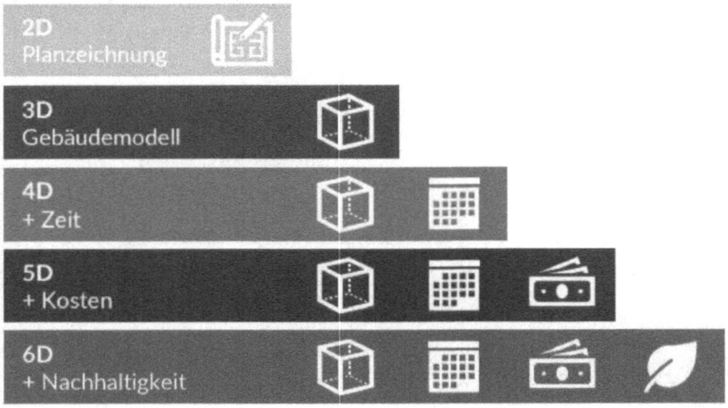

Abb. 4.5: BIM Dimensionen, Quelle: [Eichler, 2023, S. 54]

Wie in der obigen Abbildung dargestellt, umfasst BIM mehrere Dimensionen, von Zeichnungen über Termin- und Kostenplanung bis hin zu Facility Management, Qualitätssicherung und Nachhaltigkeit. Im Rahmen dieser Masterarbeit werden jedoch nur die Dimensionen hinsichtlich der Planqualität und -lieferung behandelt.

Building Information Modeling (BIM) hat sich, wie jeder digitale Prozess, über mehrere Entwicklungsstufen hinweg entwickelt. Die folgende Abbildung zeigt diese Entwicklungsstufen (Stages of Development):

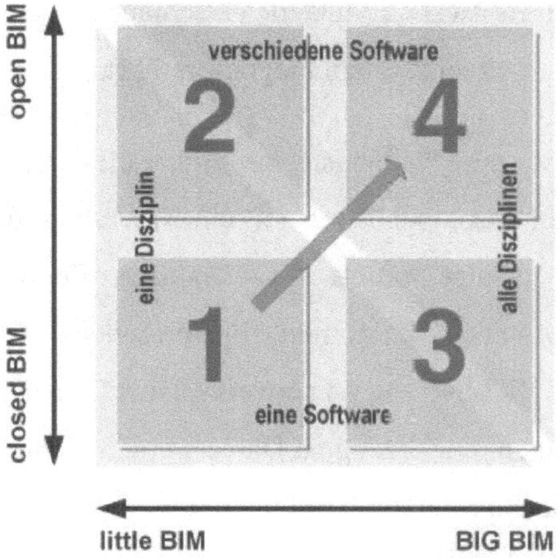

Abb. 4.6: Entwicklungsstufen des BIM, Quelle: [Hausknecht, 2016, S. 45]

Die oben angeführte Abbildung zeigt, dass es 4 Stufen von der Entwicklung von BIM-Modellen gibt [Hausknecht, 2016, S. 45]:

- **Little BIM:** Auch als BIM-Island bezeichnet, beschreibt diese Stufe den Einsatz von BIM-Softwareprodukten als Insellösung für eine spezifische Aufgabe innerhalb einer Disziplin und meist innerhalb eines Unternehmens.
- **Closed BIM:** Auch als Closed Solution bekannt, bedeutet, dass bei Closed BIM nur Softwareprodukte desselben Herstellers verwendet werden können, was zu einer geschlossenen Systemumgebung führt.
- **BIG BIM:** Als BIM-Integration bezeichnet, umfasst diese Stufe die Nutzung von BIM über verschiedene Disziplinen und Lebenszyklusphasen hinweg.

Hier arbeiten alle Disziplinen zusammen, und es erfolgt eine umfassende Integration der verschiedenen Projektbeteiligten.

- **Open BIM:** Als Open Solution bezeichnet, ermöglicht diese Stufe den Einsatz von Softwareprodukten verschiedener Hersteller, was zu einer offenen und flexiblen Systemintegration führt.

Da bei Open-BIM die Planungsteams mit Softwareprodukten verschiedener Hersteller*innen arbeiten, benötigen sie ein Werkzeug für den Datenaustausch. Dieser Austausch erfolgt mittels IFC (Industry Foundation Classes), einem standardisierten, offenen Dateiformat. Beispielsweise arbeiten Fachplaner wie TGA-, Elektro-, HKLS- und Tragwerksplaner*innen mit unterschiedlichen Softwareanwendungen. Die erzeugten Daten werden in das IFC-Format konvertiert und vom BIM-Fachkoordinator (BFK) an den BIM-Gesamtkoordinator (BGK) weitergeleitet. Im Gegenzug fließen die Daten nach dem gleichen Prinzip vom BIM-Modell zurück zu den Fachplaner*innen [Eichler, 2023, S. 47]. Ziel ist es ein BIG – Open BIM in der Bauindustrie zu erreichen.

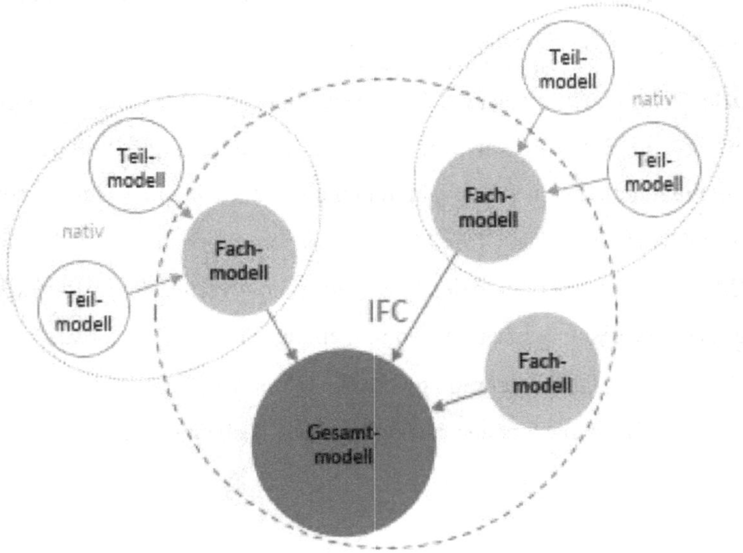

Abb. 4.7: BIM-Organisation, Quelle: [Eichler, 2023, S. 47]

Die Abbildung zeigt grafisch, dass die einzelnen Spezialist*innen nur ihre spezifischen Leistungen darstellen. Diese individuellen Leistungen werden als Teilmodelle in das Hauptmodell integriert.

Folgende Abbildung stellt einen Einblick auf die BIM-Software dar:

Abb. 4.8: BIM-Software, Quelle: [Zarinfar, SS. 2023, S. 26]

Der BIM-Entwicklungsprozess wurde in 0 bis 3 Levels eingeteilt, die in weiterer Folge einzeln erläutert werden:

- **BIM-Level 0:** Diese BIM-Level wurden in den frühen 1990er Jahren stark weiterentwickelt. Vor dieser Zeit wurden Pläne entweder händisch gezeichnet oder als zweidimensionale (2D) Zeichnungen mittels CAD (Computer Aided Design) erstellt, die dann in Papierformat per Post oder persönlich übermittelt wurden. Die Ära vor CAD, in der Pläne manuell erstellt wurden, wird nicht als BIM betrachtet. BIM-Level 0 markiert den Beginn der Digitalisierung und den Einsatz von CAD-Technologie. Im Wesentlichen gibt es keine signifikante Änderung zwischen der 2D-Handzeichnung und CAD, da die

Prozesse gleich geblieben sind und nur die Werkzeuge ersetzt wurden [Stoerzel, 2023, S. 14–20]. Mit der Entwicklung von PC hat sich auch die CAD-Technologie wesentlich weiterentwickelt. Die folgende Grafik zeigt die relative Beziehung zwischen handgezeichneten Plänen und CAD.

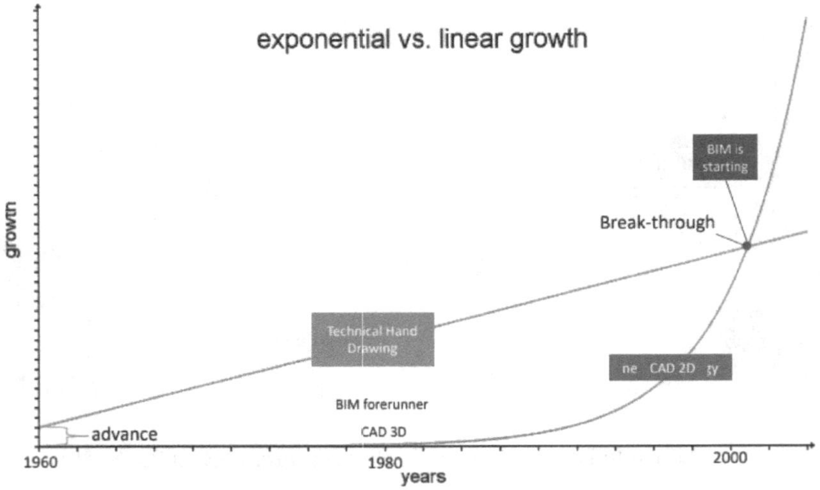

Abb. 4.9: relativer Zusammenhang zwischen CAD und Technical Hand Drawing, Quelle: [Stoerzel, 2023, S. 19]

Wie in der obigen Abbildung dargestellt, war CAD bereits vor den 1990er Jahren im Einsatz. Aufgrund der damaligen Komplexität und der begrenzten Leistungsfähigkeit von PC wurde es jedoch nicht weltweit umfassend verwendet. Ein wesentlicher Nachteil von 2D-CAD-Zeichnungen liegt im hohen Aufwand, der bei Änderungen erforderlich ist, insbesondere während der Ausführungsphase. Dies kann zu Verzögerungen bei der Planlieferung und zu Behinderungen im Bauprozess führen. Zudem erschwert die

Zusammenarbeit zwischen den verschiedenen Fachdisziplinen, da alle Beteiligten auf separate, oft unkoordinierte Zeichnungen angewiesen sind.

- **BIM-Level 1:** Dieser BIM-Level entwickelte sich Ende der 1990er Jahre und Anfang der 2000er Jahre weiter, parallel zu den Fortschritten in Technologie und Bau-Softwareprodukten. In dieser Phase wurden die Pläne digital in 2D oder 3D erstellt und nicht mehr im Papierformat, sondern digital per E-Mail versendet oder über digitale Plattformen hochgeladen. Obwohl die Pläne in 3D erstellt wurden, wurden sie letztlich oft noch in 2D übermittelt. Durch den Einsatz von 3D-Software wurden Planänderungen erleichtert. Auf diesem Level verbesserte sich die Zusammenarbeit zwischen den Projektbeteiligten durch den digitalen Austausch von Daten und Informationen (via E-Mail, Fax, iPad, Handy, etc.) erheblich [Stoerzel, 2023, S. 21–25].

- **BIM-Level 2:** Auf diesem BIM-Level spricht man von einer umfassenden Zusammenarbeit zwischen den Projektbeteiligten und einem modellbasierten Informationsaustausch. Jeder Projektbeteiligte arbeitet mit seinem eigenen Fachmodell, welches von den BIM-Fachkoordinatoren (BFK) an den BIM-Gesamtkoordinator (BGK) weitergeleitet wird. Der BGK integriert diese Modelle in das Gesamtmodell (vgl. Abb. 4.4) [Stoerzel, 2023, S. 27–29].

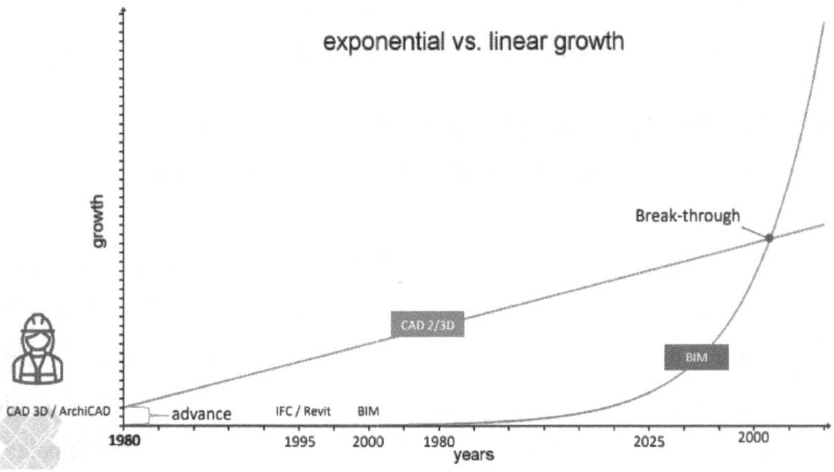

Abb. 4.10: relativer Zusammenhang zwischen CAD 2/3D und BIM, Quelle: [Stoerzel, 2023, S. 30]

Die obige Grafik veranschaulicht den relativen Zusammenhang zwischen CAD und BIM, auch wenn der prognostizierte Durchbruch noch nicht vollständig erreicht wurde. Es ist jedoch zu erwarten, dass dieser in den 2000er Jahren realisiert wird, da die Projekte zunehmend komplexer werden, die Projektzeiten sich verkürzen und die Anforderungen an Qualität und Nachhaltigkeit steigen. Um diese Effizienz zu gewährleisten, wird ein leistungsfähiges, kooperatives digitales Modell wie BIM benötigt.

- **BIM-Level 3:** Dieses Level wird als iBIM bezeichnet, bei dem die Projektbeteiligten gleichzeitig in einem gemeinsamen Modell arbeiten. Bislang wurde diese Methode hauptsächlich in Pilotprojekten getestet. Sie stellt jedoch den aktuellen Stand der Technik dar und wird voraussichtlich bald weit verbreitet angewendet werden. iBIM erleichtert die Kommunikation und den Datenaustausch zwischen den Projektbeteiligten erheblich. Der zusätzliche Aufwand, der durch die Arbeit mit mehreren Fachmodellen entsteht, entfällt, sodass die Projektbeteiligten schnell und effizient Daten austauschen können (z. B. Pläne bereitstellen) und Fehler erkennen sowie beheben können (z. B. die Planqualität sicherstellen) [Stoerzel, 2023, S. 13].

Die rechtzeitige Erkennung von Fehlern und deren Bearbeitung haben einen enormen Einfluss auf den Erfolg des Projekts. [Zarinfar, SS. 2023]. Die folgende Grafik von Mac Leamy stellt diesen Zusammenhang zwischen Kosten und Aufwand klar dar:

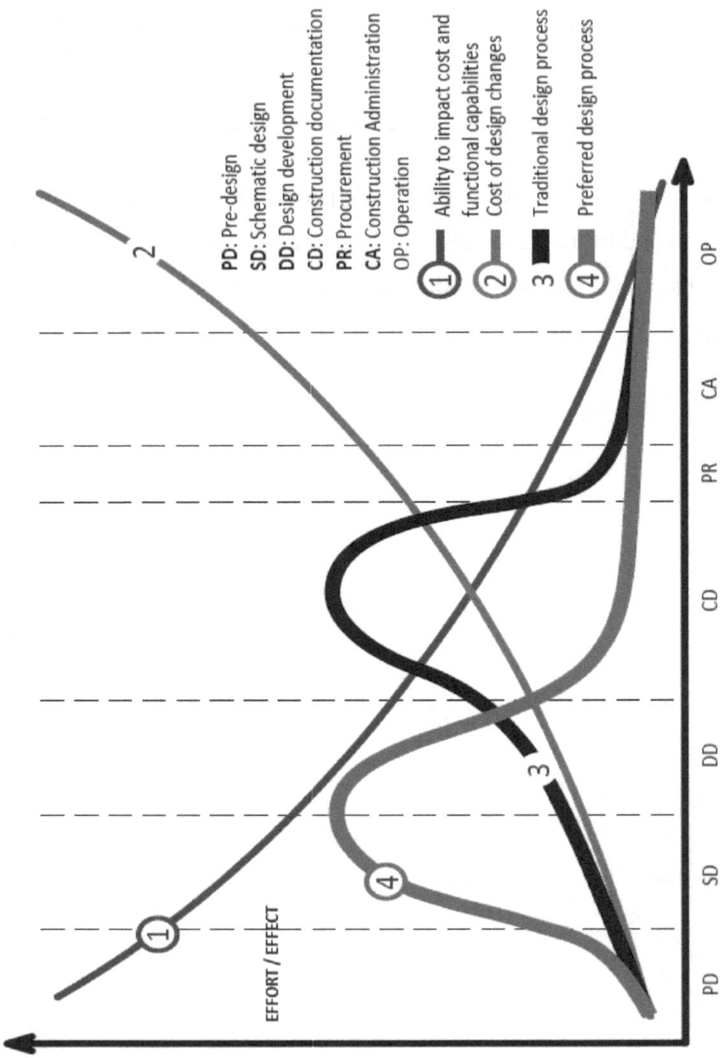

Abb. 4.11: Mac Leamy Cost-Effort Diagram, Quelle: [Patrick Macleamy, AIA / HOK]

Die Grafik zeigt deutlich, dass eine frühzeitige Planung mehr Möglichkeiten bietet, Änderungen mit geringem Aufwand und niedrigen Kosten vorzunehmen. Beginnt man jedoch später mit dem Planungsprozess, hat man weniger Einfluss auf Änderungen, die dann mit großem Aufwand und höheren Kosten verbunden sind. Neben den Vorteilen für Planer*innen bietet die Nutzung von BIM auch zahlreiche Vorteile für den AG sowie für die ausführende Firma. Alle Vorgänge und Daten werden digital archiviert, was den Soll-Ist-Vergleich erleichtert und das Datenmanagement über den gesamten Lebenszyklus des Projekts ermöglicht. Diese Daten können als Vorlage für zukünftige Projekte genutzt werden. Durch die effiziente Arbeitsweise wird die Qualität gesteigert und die Kosten erheblich gesenkt. Eine frühzeitige Modellierung des Projekts ermöglicht es, Mengen präzise zu ermitteln und Kosten genau zu kalkulieren und zu überprüfen. Die frühzeitige Erkennung von Risiken minimiert Mehrkostenforderungen (MKF) und trägt somit zum Erfolg des Projekts bei [Eichler, 2023, S. 20]. Im Gegensatz dazu bringt das BIM-Modell zahlreiche Herausforderungen mit sich, die seine Nutzung erschweren können. Besonders hervorzuheben sind der Fachkräftemangel und das fehlende Know-how der Projektbeteiligten. Viele Unternehmen setzen noch keine BIM-Software ein und arbeiten weiterhin mit einer 2D-Software. Die Schulung und Weiterbildung der Mitarbeiter*innen sowie die Anschaffung der erforderlichen Tools und Software sind mit hohen Investitionen verbunden. Zudem kann der Übergang von traditionellen Kommunikationsmodellen zu einem digitalen Modell für einige Beteiligte schwierig sein. Vertragliche Bestimmungen stellen eine weitere Herausforderung dar, da alle Beteiligten Verantwortung übernehmen und Risiken gemeinsam erkennen und managen müssen, was anfänglich zu Konflikten führen kann.

Zusammenfassend lässt sich sagen, dass BIM keine Software oder Planlieferungsmethode ist, sondern eine modellbasierte Informations- und Datenaustauschplattform für alle Projektbeteiligten über den gesamten Lebenszyklus des Projekts. BIM deckt das Projekt von der Idee über die Konzeption, den Entwurf und die Ausführung bis hin zum Abriss ab. Pläne werden als 3D-Modelle erstellt, und BIM ermöglicht es Fachplaner*innen, Fachmodelle über die jeweiligen Fachkoordinatoren in das Gesamtmodell zu integrieren. Die Pläne werden rechtzeitig den ausführenden Firmen zur Verfügung gestellt, und bei Fehlern reagieren die zuständigen BIM-Personen, um die Mängel durch die Fachplaner*innen beheben zu lassen. Dieser digitale Prozess und der modellbasierte Austausch von Informationen steigern die Qualität der Pläne in allen Projektphasen erheblich und ermöglichen den ausführenden Unternehmen einen parallelen Zugriff auf die Planung.

Die folgende Tabelle stellt die Vor- und Nachteile von BIM hinsichtlich der Planqualität und -lieferung im Vergleich zu traditionellen Projektabwicklungsmodellen dar.

Tab. 4.2: Vor- u. Nachteile von BIM hinsichtlich der Planqualität u. -lieferung, Quelle: [eigene Darstellung]

Vor- und Nachteile BIM hinsichtlich der Planqualität und -lieferung	
Vorteile	- Durch digitale kooperative und enge Zusammenarbeit der Vertragspartner*innen steigt das Erfolgspotenzial des Bauprojekts. - Modelbasiertes Informations- und Kommunikationsplattform - Deckt den gesamten Lebenszyklus eines Projektes ab. - Maximiert die Produktivität - Optimiert die Prozesse - Minimiert Claims - Verkürzt die Bauzeit - Senkt die Projektkosten

	- Durch ständige Digitalüberwachung des Modells wird die Qualität der Pläne gesteigert. - Die Fachplaner*innen können ihre Teilmodelle ständig im Gesamtmodell integrieren und anpassen. - Planänderungen können sehr schnell umgesetzt werden.
Nachteile	- Mangelndes Know-how der Beteiligten - Für die Schulung der Mitarbeiter*innen ist eine Investition nötig. - Investitionen für Software und Lizenzen - Neue Werkzeuge erfordern neue Arbeitsstile, was für einige eine Herausforderung sein kann.

Wie die Abbildung Tab. 4.2 darstellt, zeigt die dritte Dimension des BIM, also die Geometrie (vgl. Abb. 4.5) einen positiven Einfluss auf die Planqualität und -lieferung. Allerdings bleibt fraglich, ob die Unternehmen bereit sind, auch die anderen Dimensionen des BIM zu übernehmen, insbesondere durch die Offenlegung interner Daten sowie Kosten- und Kalkulationsinformationen für alle Beteiligten.

5 Bauwirtschaftliche Folgen

In diesem Kapitel werden die bauwirtschaftlichen Folgen von verspäteter Übergabe von Plänen sowie Pläne mit mangelhafter Qualität, die zu Störungen der Leistungserbringung führen, detailliert untersucht. Zunächst werden die Rechte und Pflichten der Vertragspartner*innen in der Ausschreibungsphase analysiert. Anschließend werden die Ursachen, Folgen und Auswirkungen von Planlieferverzug und mangelhafter Planqualität in der Ausführungsphase ausführlich beschrieben. Aus den vorherigen Kapiteln ist bekannt, dass die Planqualität und -lieferung bei modernen Vertrags- und Projektabwicklungsmodellen durch die kooperative Zusammenarbeit und frühzeitige Einbeziehung der Planer*innen und der ausführenden Firma im Team keine Problematik darstellen. Hier werden die Planqualität und -lieferung sowie deren bauwirtschaftliche Folgen bei klassischen Projektabwicklungsmodellen betrachtet, insbesondere bei Einzelunternehmer- und Generalunternehmermodellen, bei denen Planung und Ausführung getrennt vergeben werden und der AG als Schnittstelle zwischen beiden fungiert.

5.1 Risikoverteilung in der Ausschreibungs- und Angebotsphase

Wie bereits erwähnt, liegt die Verantwortung für die Bereitstellung der Ausschreibungsunterlagen beim AG, und die damit verbundenen Risiken sind der Sphäre des AG zuzuordnen (vgl. Kapitel 2.2.2). Daher hat der AG bestimmte vorvertragliche Pflichten, die er einhalten muss. Der AG ist verpflichtet, die Ausschreibungsunterlagen sorgfältig zu erstellen. Die Pläne müssen normgerecht gezeichnet werden (vgl. Kapitel 3.1) und die Leistungen präzise beschrieben sein, um Unklarheiten für die Bieter*innen zu vermeiden. Bei einem Einheitspreisvertrag (EHPV) müssen die Leistungen konstruktiv mit einer standardisierten

Leistungsbeschreibung festgelegt werden (vgl. Kapitel 3.2.1), während bei einem Pauschalvertrag die Leistungen funktional beschrieben werden müssen (vgl. Kapitel 3.2.2). Der AG muss zudem eventuelle Ausschreibungslücken bei einem konstruktiven Leistungsverzeichnis schließen. Diese Lücken bieten spezifische zusätzliche Informationen zu den jeweiligen Positionen [Kühbacher, 2023, S. 9].

Des weiteren ist der AG verpflichtet, die Vertragsbestimmungen in der Ausschreibung festzulegen [Kühbacher, 2023, S. 9]. In dieser Phase kann er alle relevanten Bestimmungen bezüglich der Planqualität und -lieferung vertraglich festlegen, wie etwa Pönalen für verspätete Planlieferungen, mangelhafte Pläne, Festlegung der Planvorlaufzeiten und normgerechte Planung (vgl. Kapitel 3.1).

Der AN ist vorvertraglich verpflichtet, den AG gemäß der Prüf- und Warnpflicht über erkannte Mängel in den Plänen zu informieren (vgl. Kapitel 3.1). Allerdings ist der AN nicht verpflichtet, Spezialisten*innen zur Prüfung der vorgelegten Ausschreibungspläne hinzuzuziehen. Laut [OGH 3 ob 122/05w] muss der AN den AG erst dann warnen, wenn er nachweislich sicher ist, dass die Pläne mangelhaft sind [Kühbacher, 2023, S. 36].

In den folgenden Kapiteln werden Planlieferverzug und mangelhafte Planqualität während der Ausführungsphase eingehend untersucht.

5.2 Folgen von Planlieferverzug und mangelhafter Planqualität

Von einer Störung der Leistungserbringung spricht man, wenn der Bauablauf aufgrund von Abweichungen, die aus der Sphäre des AG oder des AN stammen, in eine Situation führt, in der das Projekt ohne zusätzliche Maßnahmen nicht mehr gemäß dem festgelegten Leistungsumfang fortgeführt werden kann [Müller, 2016,

S. 126]. Diese Störung der Leistungserbringung führt zu einer MKF (Mehr- und Minderkostenforderung):

„Forderung eines Vertragspartners auf terminliche und/oder preisliche Anpassung des Vertrags" [ÖNORM B 2110, 2023, Pkt. 3.10].

Der AG ist verantwortlich dafür, die Planung an fachlich kompetente Planer*innen zu vergeben. Die Qualität der Pläne spielt eine wesentliche Rolle für einen störungsfreien Bauablauf und auf die rechtzeitige Planlieferung. Oft ist mangelhafte Planqualität ein Grund für verspätet gelieferte Pläne. Die Pläne müssen dem Stand der Technik entsprechen und normgemäß dargestellt werden. Zum Beispiel legt die ÖNORM A 6240 (vgl. Kapitel 3.1), die Mindestinhalte eines Einreich- und Ausführungsplans fest und beschreibt auch die Darstellung von Zu-, Umbau- und Abbruchplänen [Müller, 2016, S. 132].

Auftraggeber*innen und die Planer*innen müssen eine grobe Terminplanung für die Planfreigabezeiten und Planlauffristen (vgl. Kapitel 3.1) festlegen, da der AN in der Regel davon ausgeht, dass die Planunterlagen vollständig sind und rechtzeitig geliefert werden. Insbesondere bei der baubegleitenden Planung müssen die Planvorlaufzeiten festgehalten werden, da diese in der Praxis oft zu Störungen führen [Müller, 2016, S. 131].

Die Prozesse, bei denen alle Abweichungen in einem Bauprojekt überwacht, kontrolliert, analysiert, bearbeitet und ermittelt werden, werden als Claim- oder Nachtragsmanagement bezeichnet. In der Ausführungsphase wird der Claim-Prozess in sechs Stufen gegliedert [Kühbacher, 2023, S. 8]:

1. Erkennung der Ursache

2. Überprüfung des vertraglichen Anspruchs (Anmeldung dem Grunde nach von Minder- oder Mehrkosten)
3. Die Darstellung der Folgen (Vergütbarkeit dem Grunde nach von Minder- oder Mehrkosten)
4. Überprüfung der Dokumentation (Nachweisbarkeit der Minder- oder Mehrkosten)
5. Die Darstellung der Auswirkungen
6. Die Ermittlung der Mehrkosten und Fristen (Ermittlung der Höhe nach von Minder- oder Mehrkosten)

In den folgenden Unterkapiteln werden die einzelnen Schritte näher erläutert.

5.2.1 Erkennung der Ursache

Die Ursache ist der sachliche Grund, dessen Identifizierung erforderlich ist, um eine Leistungsabweichung festzustellen [Kühbacher, 2023, S. 15]. Im Falle einer verspäteten Planlieferung, die den kritischen Weg beeinflusst, oder mangelhafter Planqualität, die den Bauablauf stört, sind die Planqualität und -lieferung häufig die Ursachen für Bauablaufstörungen. Es gibt drei typische Fallkonstellationen bezüglich der Planqualität und -lieferung, die aus der Sphäre des AG stammen [Gmoser, 2018, 351]:

1. *„Übergabe verspätet, Planqualität ok und Planunterlagen vollständig,*
2. *Übergabe zeitgerecht, fehlerhafte bzw. unvollständige Planunterlagen,*
3. *Planqualität mangelhaft und Übergabe verspätet".*

In allen drei Fällen wird der Bauablauf gestört, was zu Mehrkosten und zusätzlichem Zeitaufwand führt. Unter Planunterlagen werden alle dem AN zur Verfügung gestellten Unterlagen, wie Ausschreibungs-, Ausführungspläne, Gutachtenberichte,

Bescheide und ähnliches verstanden [Gmoser, 2018, 351–352]. Der AN muss die fehlenden Pläne und mangelhafte Planqualität dem AG melden (mitteilungspflichtig) [Kühbacher, 2023, S. 9].

5.2.2 Der vertragliche Anspruch

Im zweiten Schritt werden alle vertraglich festgelegten Bedingungen geprüft, die in den vorherigen Kapiteln ausführlich beschrieben wurden. Es wird untersucht, ob der Vertrag nach den Regelungen des ABGB abgeschlossen ist oder ob es sich um einen normativen Vertrag gemäß den Bestimmungen der ÖNORM B 2110 oder B 2118 sowie den dazugehörigen Normen handelt. Zudem wird analysiert, was im Vertrag bezüglich Leistungsabweichungen, Behinderungen, Planlieferverzug und Planqualität festgelegt wurde.

Nach der Identifizierung der Ursache und der Prüfung der Vertragsunterlagen wird der AN dies schriftlich dem AN ehestens melden, die sogenannte Anmeldung dem Grunde nach [Kühbacher, 2023, S. 67].

5.2.3 Darstellung der Folgen

Nachdem die Ursache ermittelt und die vertraglichen Ansprüche analysiert wurden, müssen die daraus resultierenden Folgen übermittelt werden. In der Praxis wird häufig auf eine detaillierte Ermittlung der Folgen verzichtet und stattdessen die Auswirkungen direkt den jeweiligen Ursachen zugeordnet. Dies führt oft dazu, dass die Zuordnungen vom AG als unklar oder unplausibel zurückgewiesen werden, weil die Folgen nicht nachvollziehbar sind. Deshalb ist es wichtig, die Folgen einer Leistungsstörung als vorbereitenden Schritt vor der Ermittlung der Auswirkungen zu analysieren [Stempkowski, 2013, S. 4].

Verspätet gelieferte und mangelhafte Pläne können weitreichende Folgen auf den Bauprozess haben. Sie führen oft zur Umstellung des Bauablaufs und können Schnittstellenprobleme verursachen, was die Leistungseffizienz reduziert. Zudem können solche Verzögerungen zu Unterbrechungen (Stehzeiten) und zu einer Verlängerung der Bauzeit führen, wodurch zusätzliche Kosten für Forcierungsmaßnahmen entstehen können. Die Nichtverfügbarkeit rechtzeitiger und qualitativ hochwertiger Pläne bedeutet, dass die geplanten Arbeitsstunden nicht effektiv genutzt werden können, was die Gesamtleistung des Projekts mindert. Diese Umstände beeinträchtigen den Baufortschritt erheblich und können zu signifikanten Kostensteigerungen führen [Kühbacher, 2023, S. 69–73].

5.2.4 Überprüfung der Dokumentation

In diesem Schritt müssen die bereits ausführlich beschriebenen Dokumentationen (vgl. Kapitel 3.1) zu den Ursachen und Folgen der Planqualität und -lieferung, die sich direkt auf Termin und Kosten auswirken, untersucht werden. Diese Dokumentationsmittel bilden die Grundlage für eine prüffähige Anmeldung der Höhe nach, also für die Forderung nach Mehrkosten und zusätzlichen Zeitaufwänden [Kühbacher, 2023, S. 74–88].

5.2.5 Darstellung der Auswirkungen

Die Auswirkungen von verspätet gelieferten und mangelhaften Plänen können grundsätzlich in zwei Kategorien eingeteilt werden:

- Auswirkungen auf die Kosten und
- Auswirkungen auf die Zeit.

Kostenbeeinträchtigungen entstehen durch Produktivitätsverluste, die durch einen erhöhten Anteil unproduktiver Stunden, kurzer Dispositionszeiten und erforderlicher Überstunden zur Beschleunigung des Baufortschritts verursacht werden. Diese Überstunden und der daraus resultierende erhöhte Personaleinsatz, einschließlich der Bauleitung, führen zu weiteren Mehrkosten. Zudem beeinträchtigen die mangelhafte Planqualität und verzögerte Planlieferung den Baufortschritt erheblich, da geplante Arbeitsabläufe nicht eingehalten werden können, was letztlich auch die Projektdauer verlängert und indirekt die Kosten weiter erhöht. Diese Probleme führen zu Bauablaufstörungen, wodurch die Bauzeit verlängert und gegebenfalls pönalisierte Termine angepasst werden müssen, was weitere Mehrkosten nach sich zieht [Stempkowski, 2013, S. 4-13]. Die Mehrkostenforderung wird dann dem AG in einer prüffähigen Form vorgelegt, was als Anmeldung der Höhe nach bezeichnet wird. Gemäß den ÖNORMEN B 2110 und B 2118 sind spezifische Bestimmungen zur Anpassung der Leistungsfrist und/oder des Entgelts festgelegt:

Voraussetzungen:
„Bei Leistungsabweichungen besteht ein Anspruch der Vertragspartner auf Anpassung der Leistungsfrist und/oder des Entgelts. Der fordernde Vertragspartner hat seine Forderung auf Vertragsanpassung anzumelden und in prüffähiger Form vorzulegen. Dabei ist die Leistungsabweichung samt Darlegung der Auswirkungen auf die Leistungserbringung nachvollziehbar zu beschreiben und darzulegen, dass die Abweichung aus der Sphäre des AG stammt. Liegt eine Leistungsänderung vor, reicht ein Hinweis auf die Leistungsanordnung und die Darlegung der Änderung aus" [ÖNORM B 2110, 2023, S. 28].

5.2.6 Die Ermittlung der Mehrkosten bzw. Mehrzeit

„Die Ermittlung der neuen Preise hat auf Preisbasis des Vertrages und – soweit möglich – unter sachgerechter Herleitung von Preiskomponenten (Preisgrundlagen

des Angebotes) sowie Mengen- und Leistungsansätzen vergleichbarer Positionen des Vertrages zu erfolgen. Ist mit einer Leistungsabweichung eine Verzögerung oder Beschleunigung der Ausführung verbunden, ist die Leistungsfrist entsprechend anzupassen, wobei auch die Folgen (z. B. Ausfallfolgezeiten) und jahreszeitliche Umstände zu berücksichtigen sind" [ÖNORM B 2110, 2023, S. 28]. Die ÖNORMEN stellen die Schritte für eine Mehrkosten- und Zeitforderung klar dar. Der AN ist verpflichtet, dem AG die Ursache so früh wie möglich zu melden, den vertraglichen Anspruch mit allen Dokumentationen als Beweismittel zu belegen und nach Untersuchung der Folgen eine prüffähige Anmeldung der Höhe nach vorzulegen. Die folgende Abbildung stellt diese Schritte grafisch dar:

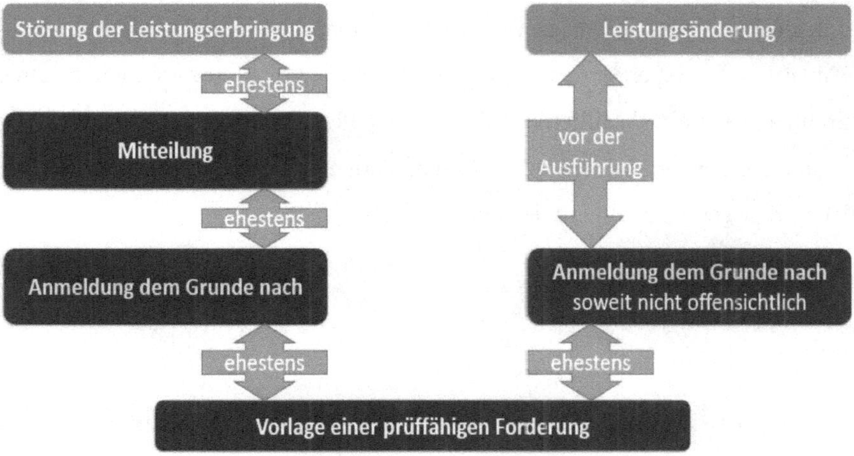

Abb. 5.1: Schritte einer MKF, Quelle: [Gmoser, 2023, S. 94]

Für die Anpassung der Leistungsfrist und die Ermittlung der neuen Preise gibt es in der Bauwirtschaft allgemein folgende Modelle [Kühbacher, 2023, S. 95]:

- *„Fortschreiben der vertraglichen Grundlagen*
    - *Herleiten der Mehrkosten auf EHP - Basis*

  - *Herleiten der Mehrkosten aus dem Terminplan*
- *Rechnungsnachweis für Fremdleistungen*
- *Globalbetrachtung*
- *Detailnachweis*
- *Repräsentativer Einzelnachweis*
- *Gutachterliche Ermittlung"*

Die oben angeführten Methoden werden je nach Bedarf und unter Berücksichtigung der Umstände zur Anpassung von Preisen und Bauzeit aufgrund einer Bauablaufstörung verwendet. Diese Methoden werden jedoch nicht im Rahmen dieser Masterarbeit erläutert. Das nächste Kapitel befasst sich mit der empirischen Untersuchung, die durch eine Expert*innenumfrage durchgeführt wurde. Die Antworten der Expert*innen werden in diesem Kapitel ausgewertet und bieten eine Grundlage für ein detailliertes Bild der aktuellen Situation im Bauwesen. Diese Ergebnisse dienen auch als Basis für den Vergleich der theoretischen Ansätze aus den vorherigen Kapiteln mit der Praxis.

6 Empirische Untersuchung – Statuserhebung

In diesem Abschnitt wird die im Zuge dieser Masterarbeit durchgeführte Expert*innenumfrage dargestellt. Zunächst werden die Wahl der Befragungsmethode sowie der Ablauf der Umfrage erläutert. Dann wird der Interviewleitfaden dargestellt. Abschließend werden die Rückmeldungen der Expert*innen analysiert, interpretiert und ausgewertet.

6.1 Die Wahl der Methode

Wie bereits in Kapitel 1.4 beschrieben, wurde neben einer umfassenden Literaturrecherche auch eine Expert*innenumfrage durchgeführt. Diese Umfrage umfasste insgesamt 38 Fragen, darunter 30 standardisierte quantitative Fragen mit unterschiedlichen Antwortmöglichkeiten und 8 offene Fragen, bei denen die Teilnehmer*innen ihre Ideen qualitativ und frei formulieren konnten. Die Umfrage baut auf den Erkenntnissen der vorangegangenen Kapitel auf und ermöglicht einen direkten Vergleich zwischen theoretischen Überlegungen und praktischer Anwendung. Die thematischen Bereiche dieser Umfrage decken folgende Aspekte ab:

- Allgemeine Fragen zur Person und zum Unternehmen
- Vertragliche Bestimmungen
- Die Planung im Zuge der Ausschreibung
- Die Planung während der Ausführung bzw. nach Vertragsabschluss
- Abschlussfragen

Die Datenerhebung für die vorliegende Umfrage erfolgte mittels des Online-Tools „LimeSurvey“. Die Umfrage war von Anfang Juni bis zum 20. Juli 2024 online zugänglich. Vor der eigentlichen Haupterhebung wurde ein Pre-Test mit einer ausgewählten Gruppe von Expert*innen durchgeführt, um die Zuverlässigkeit und Verständlichkeit der Fragen zu gewährleisten. Dabei wurden durch die Betreuer*innen einige Fehler in den Antwortmöglichkeiten identifiziert und anschließend korrigiert. Die Zielgruppe dieser Umfrage bestand aus Fachexpert*innen ausführender Unternehmen im Bauwesen. Um ein breites Spektrum abzudecken, wurde der Umfragelink an Unternehmen unterschiedlicher Größen in ganz Österreich versandt, sowohl an große als auch an kleinere Firmen, um eine umfassende Beteiligung zu gewährleisten und ein breites Spektrum an Einsichten und Erfahrungen einzufangen.

6.2 Auswertung der Expert*innenumfrage

Die Auswertung der Expert*innenumfrage fand im Zeitraum vom 20. Juli 2024 bis zum 15. August 2024 statt. Die Ergebnisse wurden in Excel visualisiert und mithilfe von Balkendiagrammen dargestellt. Dabei wurde besonderes Augenmerk darauf gelegt, die Themenbereiche der Literaturanalyse und des Interviewleitfadens so ähnlich wie möglich zu gestalten, um einen Vergleich zwischen den theoretischen Erkenntnissen aus der Literatur und den praktischen Erfahrungen der befragten Expert*innen zu ermöglichen. Diese Vorgehensweise sichert eine fundierte Gegenüberstellung und einen umfassenden Einblick in das Zusammenspiel von Theorie und Praxis.

Im Rahmen der durchgeführten Umfrage haben insgesamt 102 Expert*innen teilgenommen. Davon haben 58 Teilnehmer*innen die Umfrage nicht vollständig abgeschlossen, was darauf hindeutet, dass sie die Umfrage vorzeitig beendet haben. Die verbleibenden 44 Teilnehmer*innen haben die Umfrage vollständig ausgefüllt, was einer Vollständigkeitsquote von etwa 43,14 % entspricht. Die hohe

Abbruchquote lässt sich möglicherweise auf den hohen Anteil an offenen Fragen zurückführen. Offene Fragen erfordern in der Regel mehr Zeit, da die Teilnehmer*innen ihre Antworten frei formulieren müssen, anstatt vorgegebene Antwortmöglichkeiten auszuwählen.

In den folgenden Unterkapiteln werden die einzelnen Fragen detailliert ausgewertet.

6.2.1 Fragen zur Person und zum Unternehmen

In diesem Abschnitt werden den Fachexpert*innen Fragen zur Person und zum Unternehmen gestellt, um einen allgemeinen Eindruck darüber zu gewinnen, welches Ausbildungsniveau und welche Berufserfahrung die befragten Personen haben sowie an welchen Projekten sie arbeiten. Dies ermöglicht eine Einschätzung, ob die Antworten aus der richtigen Zielgruppe stammen.

Da die Fragen in der Umfrage ohne Berücksichtigung der Abschnitte fortlaufend nummeriert wurden, sind auch hier die Fragen von 1 bis 38 durchnummeriert.

Frage 1: Wie groß ist Ihr Unternehmen, in dem Sie beschäftigt sind?

Die nachfolgende Abbildung zeigt, dass etwa 77 % der 44 befragten Expert*innen in großen Unternehmen mit 250 oder mehr Beschäftigten tätig sind. Dies deutet darauf hin, dass ein Großteil der Teilnehmer*innen in größeren und strukturierten Organisationen arbeitet, was möglicherweise ihre Antworten und Perspektiven beeinflusst hat. Darüber hinaus sind rund 16 % der befragten Personen in kleinen Unternehmen mit 10 bis 49 Beschäftigten tätig, was auf eine gewisse Diversität hinsichtlich der Unternehmensgröße hindeutet. Etwa 5 % der Teilnehmer*innen arbeiten in mittleren Unternehmen mit 50 bis 249 Beschäftigten, während nur 2 % in sehr kleinen Unternehmen mit bis zu 9 Beschäftigten tätig sind. Diese Verteilung bietet einen umfassenden Überblick über die berufliche Umgebung der Befragten und ermöglicht es, Rückschlüsse auf die Repräsentativität und Aussagekraft der Umfrageergebnisse zu ziehen.

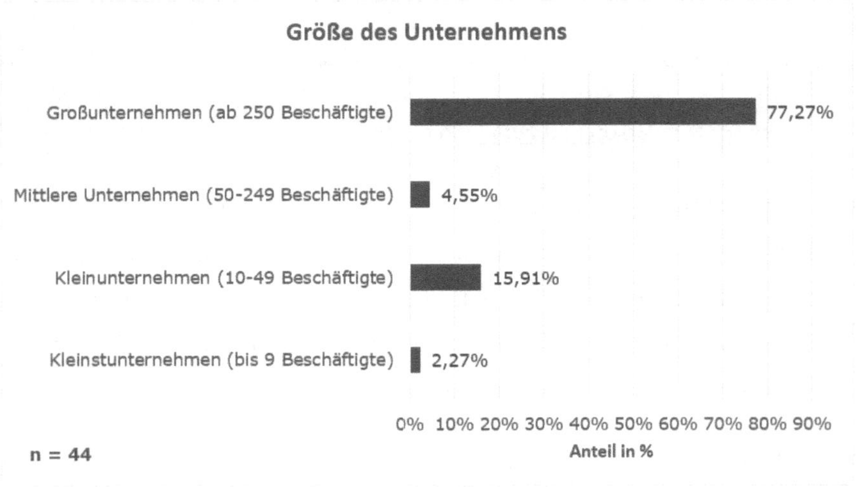

Abb. 6.1: Unternehmensgröße der befragten Experten*innen, Quelle: [eigene Darstellung]

Frage 2: In welchem Bereich sind Sie tätig?

Das folgende Diagramm zeigt die Verteilung der Tätigkeitsbereiche der befragten Experten*innen auf. Es ist ersichtlich, dass über die Hälfte der Befragten, etwa 52 %, im Bereich des Hochbaus tätig sind. Ein signifikanter Anteil von 30 % der Befragten arbeitet im Tiefbau. Darüber hinaus sind rund 18 % der Befragten sowohl im Hoch- als auch im Tiefbau tätig, was die Vielfalt und Breite der beruflichen Erfahrung der Teilnehmer*innen unterstreicht. Diese Verteilung zeigt die starke Präsenz und

Expertise der Befragten in den beiden zentralen Bereichen des Bauwesens, wobei der Hochbau deutlich hervortritt.

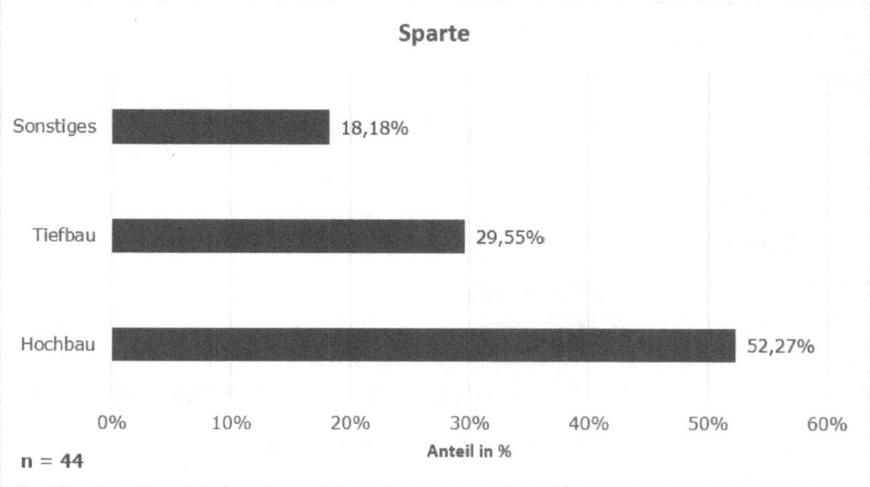

Abb. 6.2: Tätigkeitsbereich der befragten Experten*innen, Quelle: [eigene Darstellung]

<u>Frage 3:</u> Wie hoch sind die Projektkosten Ihrer Bauvorhaben in der Regel?

Die dritte Frage der Umfrage befasst sich mit den Projektkosten, an denen die befragten Expert*innen beteiligt waren. Die Ergebnisse zeigen eine breite Spanne an Projektkosten, die die berufliche Vielfalt der Befragten widerspiegelt. Etwa 20 bis 27 % der Teilnehmer*innen gaben an, an Projekten mit einem Kostenrahmen von 1,0 Mio. bis 5,0 Mio. Euro gearbeitet zu haben, was auf eine häufige Beteiligung an mittelgroßen Bauprojekten hinweist. Ein weiterer signifikanter Anteil von 18 % der Befragten hat Erfahrungen mit Projekten, deren Kosten zwischen 0,5 Mio. und 1,0 Mio. Euro liegen. Nur 7 % der Teilnehmer*innen arbeiteten an Projekten im

Bereich von 5,0 Mio. bis 10,0 Mio. Euro, während 10 % an sehr großen Projekten mit Kosten von 25 Mio. bis über 50 Mio. Euro beteiligt waren. Interessanterweise gab keiner der befragten Experten*innen an, an Projekten unter 100.000 Euro beteiligt gewesen zu sein.

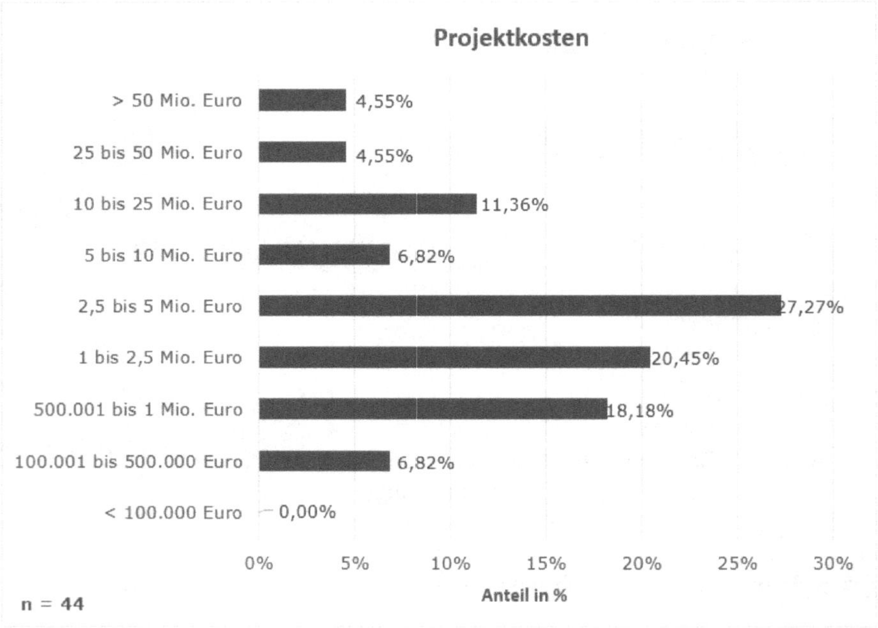

Abb. 6.3: Projektvolumen der befragten Experten*innen, Quelle: [eigene Darstellung]

Frage 4: Was ist Ihr aktueller Tätigkeitsbereich?

Wie in der folgenden Abbildung dargestellt, gibt diese Frage Aufschluss über die Funktionen der befragten Expert*innen im Bauwesen. Es wird deutlich, dass die Mehrheit, etwa 50 %, als Bauleiter*innen tätig sind, was die Bedeutung dieser Rolle im Bauprozess unterstreicht. Rund 20 % der Befragten bekleiden Positionen in der Bereichs- oder Abteilungsleitung, während 18 % als Gruppenleiter*innen tätig sind. Techniker*innen machen etwa 9 % der Befragten aus, und 5 % gehören der Geschäftsführung an. Etwa 7 % der Befragten gaben an, in sonstigen Funktionen tätig zu sein (z. B. Baubetriebswirt*in und Contract Manager*in). Interessanterweise wurde keine Beteiligung von Polieren*in angegeben.

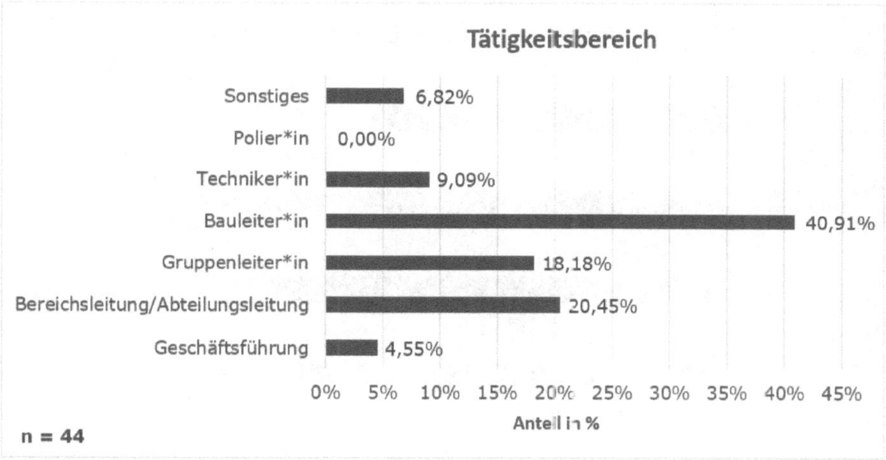

Abb. 6.4: Aktueller Tätigkeitsbereich der befragten Experten*innen, Quelle: [eigene Darstellung]

Frage 5: Wie lange sind Sie schon in dieser Position?

Das Ziel dieser Frage war es zu ermitteln, wie lange die Expert*innen bereits in der gleichen Position tätig sind. Wie in der folgenden Abbildung dargestellt, sind etwa 30 % der Befragten seit 3 bis 5 Jahren in ihrer aktuellen Position tätig. Dies deutet auf eine Phase der beruflichen Stabilisierung und zunehmenden Erfahrung hin. Jeweils 25 % der Befragten gaben an entweder weniger als 3 Jahre oder zwischen 6 und 10 Jahren in ihrer aktuellen Position zu arbeiten. Diese Verteilung spiegelt sowohl die Dynamik in der frühen Karrierephase als auch eine längere Verweildauer in mittleren Positionen wider. Schließlich zeigt die Umfrage, dass etwa 20 % der befragten Expert*innen bereits mehr als 10 Jahre in der gleichen Position tätig sind, was auf eine tiefe Expertise und möglicherweise auf leitende Rollen innerhalb ihrer Organisationen hinweist.

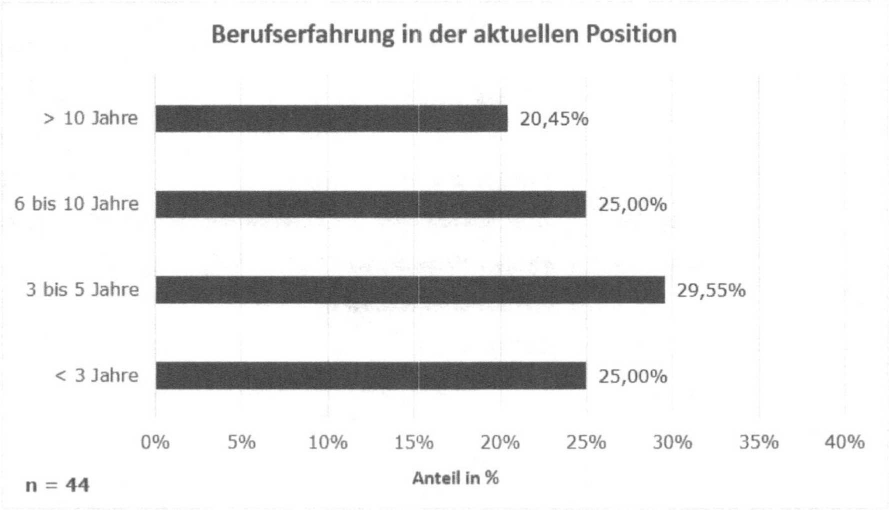

Abb. 6.5: Berufserfahrung der befragten Expert*innen in aktueller Funktion, Quelle: [eigene Darstellung]

<u>Frage 6:</u> Wie viele Jahre Berufserfahrung haben Sie insgesamt in der Baubranche?

Folgende Abbildung zeigt die allgemeine Berufserfahrung der befragten Expert*innen im Bauwesen. Dies dient als Grundlage für eine grobe Einschätzung der Genauigkeit und Wertigkeit der in den folgenden Fragen gegebenen Antworten. Das Diagramm stellt dar, dass etwa 41 % der befragten Expert*innen über mehr als

20 Jahre Berufserfahrung im Bauwesen verfügen. Weitere 14 % der Befragten haben 10 bis 20 Jahre Erfahrung. Ein beträchtlicher Anteil von 32 % der Befragten*innen weist 6 bis 10 Jahre Berufserfahrung auf, während 11 % der Expert*innen 3 bis 5 Jahre Erfahrung angegeben haben. Nur 2 % der Befragten gaben an, weniger als 3 Jahre Erfahrung zu haben. Diese Verteilung verdeutlicht die breite Erfahrungsspanne der Teilnehmer*innen und unterstützt die Einschätzung der Qualität und Relevanz der Umfrageergebnisse.

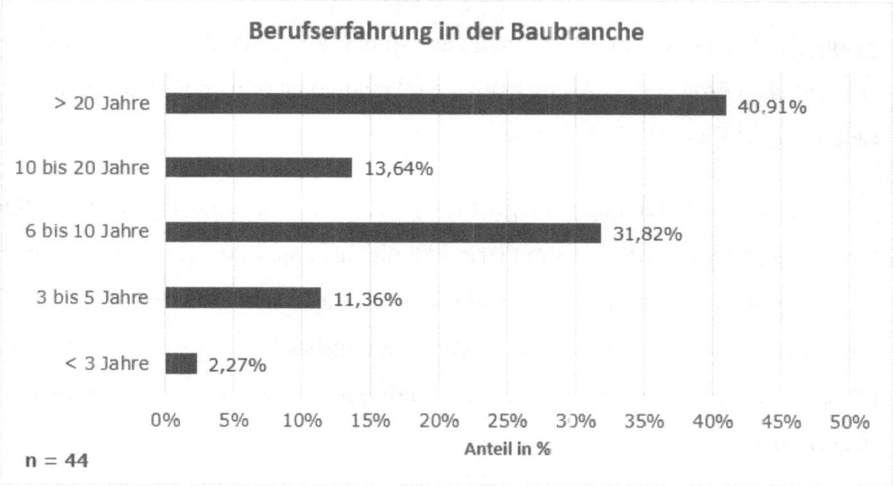

Abb. 6.6: Allgemeine Berufserfahrung der Expert*innen im Bauwesen, Quelle: [eigene Darstellung]

Zusammenfassend lässt sich sagen, dass die befragten Expert*innen aus diversen Bereichen des Bauwesens kommen, unterschiedliche relevante Berufserfahrungen haben und an Projekten verschiedener Größenordnungen gearbeitet haben. Diese Vielfalt an Hintergründen bietet unterschiedliche Perspektiven auf die gegebenen Antworten und trägt zur Breite der ermittelten Einsichten bei.

6.2.2 Vertragliche Bestimmungen

Die Fragen in diesem Abschnitt befassen sich mit den vertraglichen Bestimmungen, die im Rahmen der Ausschreibung festgelegt werden. Inhaltlich basieren diese Fragen auf den Themen, die in den vorherigen Kapiteln recherchiert wurden. Dies ermöglicht einen Vergleich zwischen theoretischen Erkenntnissen und praktischen Erfahrungen, wodurch die Relevanz und Anwendbarkeit der Theorie in der Praxis überprüft werden kann.

Frage 7: Welche Vertragsbestimmungen würden aus Ihrer Sicht im Sinne einer erfolgreichen Projektabwicklung helfen, die Planqualität und / oder die zeitgerechte Lieferung der Planunterlagen zu gewährleisten?

Die offene Fragestellung ermöglichte es den teilnehmenden Personen, ihre Gedanken und Ideen frei zu formulieren. An dieser Frage beteiligten sich insgesamt 38 Expert*innen. Hier ist eine Zusammenfassung der wichtigsten Punkte, die nach Meinung der Teilnehmer*innen in den Vertragsbestimmungen verankert sein sollten, um eine bessere Planqualität und eine termingerechte Planlieferung sicherzustellen:

Tab. 6.1: Vertragsbestimmungen für Planqualität und -lieferung, Quelle: [eigene Darstellung]

Vertragsbestimmungen	Anteil in %
vertraglich festgelegte Planlauffristen	25,00%
Vertragsstrafen für verspätete oder mangelhafte Planlieferungen	28,57%
Sicherstellung termingerechter Planunterlagen in entsprechender Qualität	3,57%
einen auf den Bauzeitplan abgestimmten Planlieferterminplan bzw. eine Planlieferliste	25,00%
klare Regelungen zur Planqualität und -lieferung als fester Bestandteil der Vertragsbestimmungen	10,71%
Definition der erforderlichen Personalressourcen	3,57%
Bevorzugung von Vergabeverfahren, die auf dem Bestbieterprinzip basieren	3,57%

Aus der obigen Tabelle geht deutlich hervor, dass die Mehrheit der befragten Expert*innen die Vertragsbestimmungen, wie „vertraglich festgelegte Planlauffristen", „Vertragsstrafen für verspätete oder mangelhafte Planlieferungen" und „einen auf den Bauzeitplan abgestimmten Planlieferterminplan bzw. eine Planlieferliste" als am wichtigsten für die Festlegung für Planqualität und -lieferung halten.

Frage 8: Wie bewerten Sie die angetroffene Planqualität bei den genannten Vertragstypen?

Diese Frage zielt darauf ab, die Planqualität bei den verschiedenen Vertragstypen wie Einheitspreisvertrag, Detailpauschalpreisvertrag, Globalpauschalpreisvertrag und Regiepreisvertrag sowie deren Einfluss auf die Qualität der gelieferten Pläne zu beleuchten. Die Bewertung erfolgt nach dem Schulnotensystem, wobei 1 für „sehr gut" und 5 für „nicht genügend" steht.

Etwa 5 % der befragten Expert*innen sind der Meinung, dass der Einheitspreisvertrag sehr gut geeignet ist, die Qualität der Pläne zu gewährleisten, während jeweils nur etwa 2 % diesen hohen Standard für den Globalpauschalpreisvertrag, den Detailpauschalpreisvertrag und den Regiepreisvertrag angekreuzt haben. Circa 32 % der befragten Personen glauben, dass der Einheitspreisvertrag einen guten Einfluss auf die Planqualität hat. Im Vergleich dazu sehen rund 20 % der Exper*tinnen diesen positiven Einfluss beim Detailpauschalpreisvertrag, 12 % beim Globalpauschalpreisvertrag und 24 % beim Regiepreisvertrag.

Etwa 40 % bis 50 % der befragten Expert*innen geben an, dass sie mit der Planqualität bei allen Vertragstypen mittelmäßig zufrieden sind. Etwa 10 % der Befragten stufen die Planqualität beim Einheitspreisvertrag als „genügend“ ein, während 20 % dies für den Detailpauschalpreisvertrag, 35 % für den Globalpauschalpreisvertrag und 31 % für den Regiepreisvertrag angeben.

Jeweils 7 % der Expert*innen sind der Ansicht, dass die Planqualität sowohl beim Einheitspreisvertrag als auch beim Globalpauschalpreisvertrag unzureichend ist. Gleichermaßen glauben jeweils 7 %, dass die Planqualität bei Detailpauschalpreisverträgen und Regiepreisverträgen sehr schlecht ist.

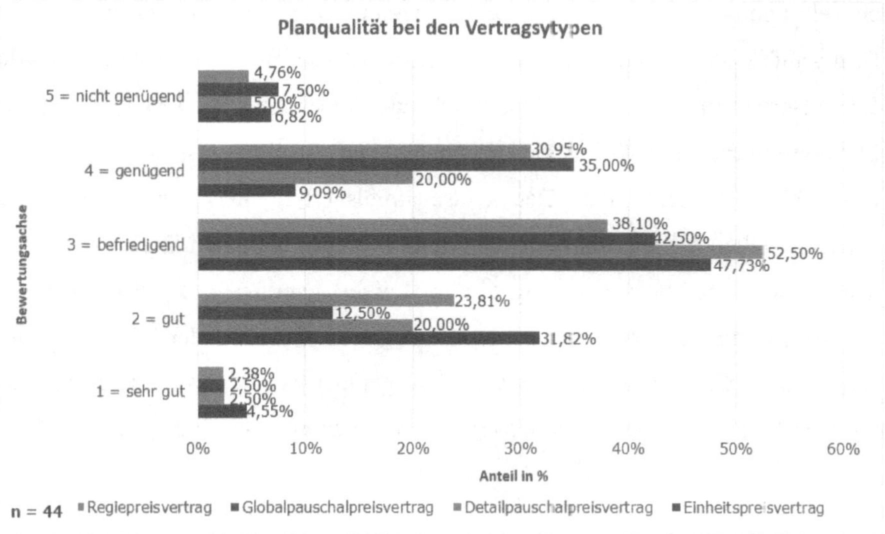

Abb. 6.7: Planqualität bei den verschiedenen Vertragstypen, Quelle: [eigene Darstellung]

<u>Frage 9:</u> Inwiefern berücksichtigen die unten angeführten Vertragsarten die Flexibilität und Anpassungsfähigkeit während der Planungs- und Ausführungsphase, insbesondere in Bezug auf Leistungsänderungen des Auftraggebers?

Diese Frage soll einen Überblick über die Flexibilität und Anpassungsfähigkeit der verschiedenen Vertragstypen während der Planungs- und Ausführungsphase geben. Die Bewertung erfolgt nach dem Schulnotensystem, wobei 1 für „sehr gut" und 5 für „nicht genügend" steht.

Gemäß der folgenden Abbildung sind etwa 30 % der befragten Expert*innen der Meinung, dass der Regiepreisvertrag während der Planungs- und Ausführungsphase ein sehr hohes Maß an Flexibilität und Anpassungsfähigkeit bietet, insbesondere in Bezug auf Leistungsänderungen des AG. Etwa 48 % der Befragten glauben, dass der Einheitspreisvertrag eine gute Flexibilität und Anpassungsfähigkeit in Bezug auf Planungsunterlagen während der Planungs- und Ausführungsphase ermöglicht. Etwa 13 % bewerten den Detailpauschalpreisvertrag in dieser Hinsicht als zufriedenstellend. Gleichzeitig denken rund 48 % der befragten Expertinnen, dass der Globalpauschalpreisvertrag nur eine geringe Flexibilität und Anpassungsfähigkeit bei den Planungsunterlagen während der Planungs- und Ausführungsphase aufweist. Weitere 13 % glauben sogar, dass Änderungen im Rahmen eines Globalpauschalpreisvertrags gar nicht möglich sind.

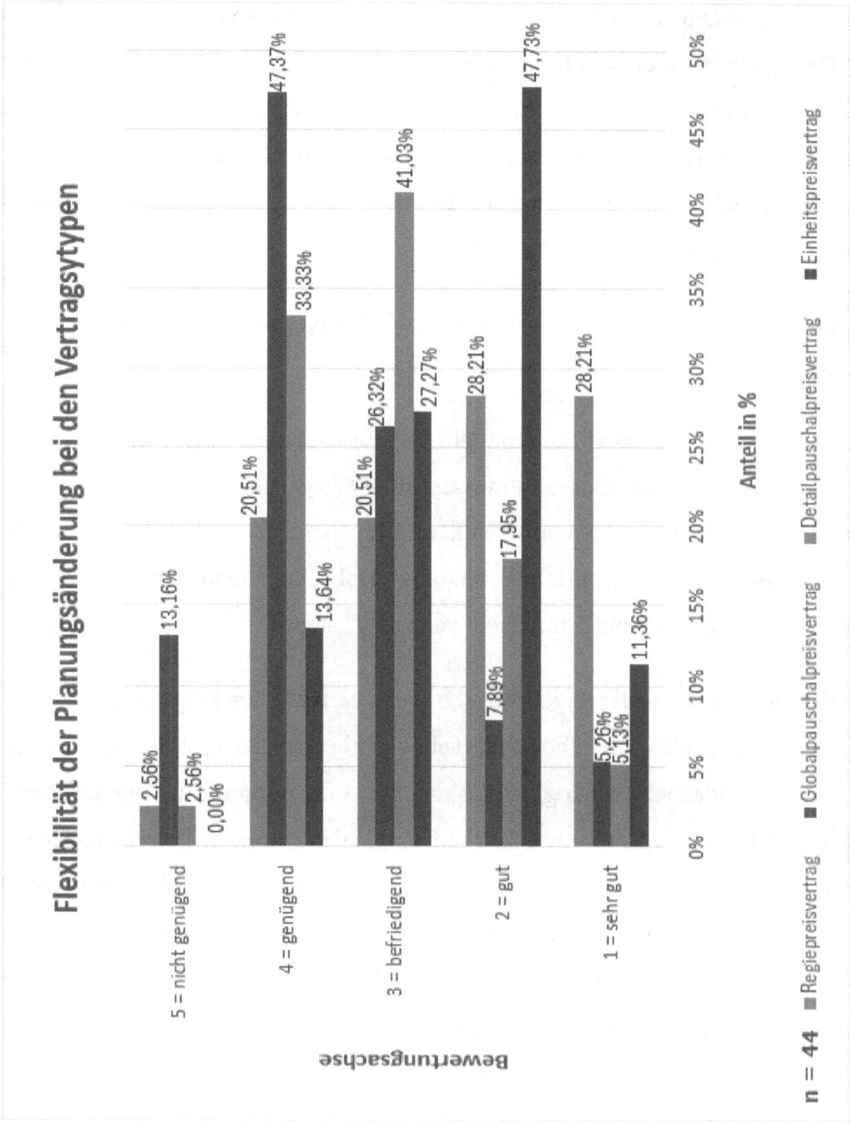

Abb. 6.8: Flexibilität und Anpassungsfähigkeit bei verschiedenen Vertragstypen, Quelle: [eigene Darstellung]

Zusammenfassend lässt sich feststellen, dass der Einheitspreisvertrag und teilweise der Detailpauschalpreisvertrag in Bezug auf Flexibilität und Anpassungsfähigkeit während der Planungs- und Ausführungsphase, insbesondere bei Leistungsänderungen des AG, sehr vorteilhaft ist. Im Gegensatz dazu wird der Globalpauschalpreisvertrag nach den Ergebnissen der vorliegenden Umfrage als das ungünstigste Vertragsmodell angesehen.

Frage 10: Was sollen aus Ihrer Sicht vertraglich abgestimmte Planlieferungslisten beinhalten?

Die Frage 10 zielt darauf ab, zu ermitteln, welche wichtigen Inhalte in der Praxis in den Planlieferlisten enthalten sein müssen. In der folgenden Abbildung sind einige dieser wesentlichen Inhalte aufgeführt, und die befragten Expert*innen wurden gebeten, diese zu bewerten. Die Bewertung erfolgt nach dem Schulnotensystem, wobei 1 für „sehr gut“ und 5 für „nicht genügend“ steht.

Die Auswertung der in der folgenden Abbildung dargestellten Frage zeigt, dass etwa 80 % der befragten Expert*innen es als sehr wichtig erachten, dass die Plannummer, der Index, die Planbezeichnung, die Ist- und Soll-Liefertermine, das Freigabedatum sowie der Status (wie Vorabzug oder Freigabe) in den Planlieferlisten enthalten sein müssen. Ungefähr die Hälfte der Proband*innen ist der Ansicht, dass es ebenfalls sehr wichtig ist, den Bauabschnitt und Anmerkungen (wie Beanstandungen) in die Planlieferlisten aufzunehmen. Etwa 35 % der befragten Personen haben die Erwähnung der Bearbeiter*in als weniger wichtig bewertet.

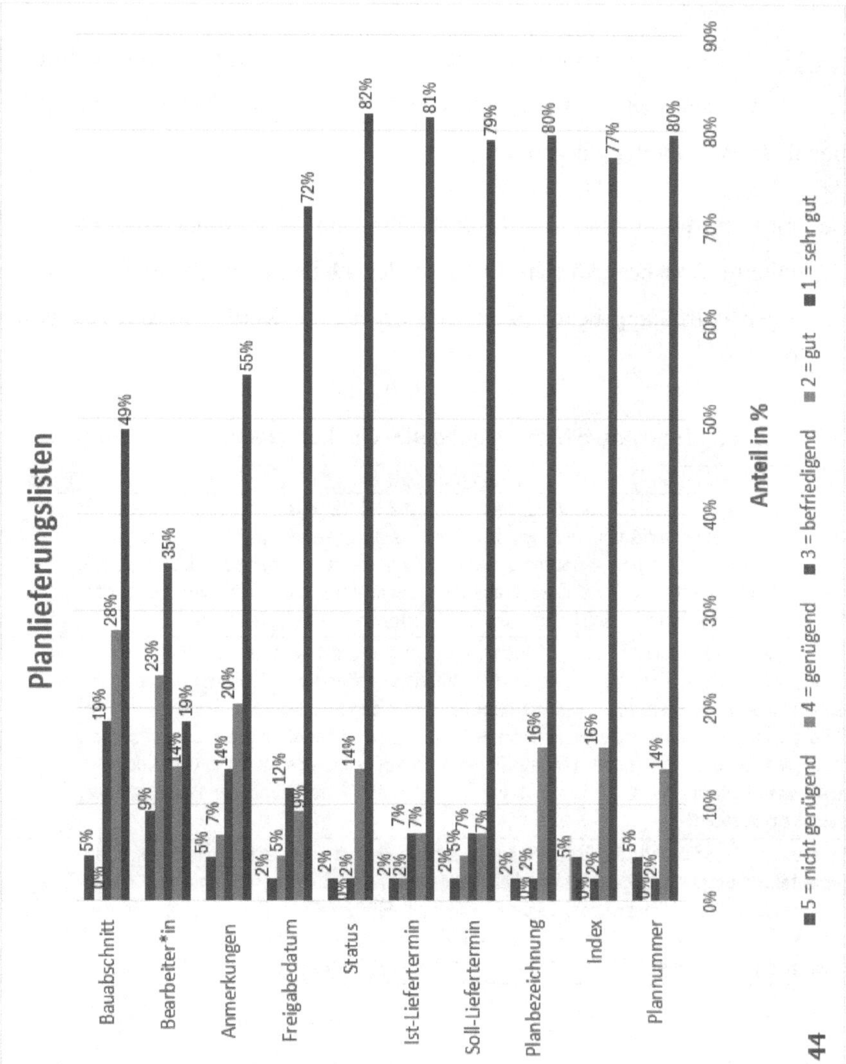

Abb. 6.9: Inhalt einer vertraglich abgestimmten Planlieferungslisten, Quelle: [eigene Darstellung]

Frage 11: Welche Vertragsmodelle kennen Sie, die innovative Ansätze verfolgen? Welche haben sich bei Ihren vergangenen Projekten als erfolgreich hinsichtlich Planqualität und -lieferung erwiesen?

Diese Frage ist freiformuliert, das heißt der Proband*innen können diese Frage als freiformulierte Text beantworten. Etwa 25 der 44 befragten Expert*innen haben diese Fragen vollständig beantwortet. Die Ergebnisse wurden in drei Kategorien unterteilt:

Tab. 6.2: Innovative Vertragsmodelle, Quelle: [eigene Darstellung]

	Kategorien	Anteil in %
1	In dieser Kategorie fallen 7 von 44 Expert*innen, die KEINE Vertragsmodelle kennen, die innovative Ansätze verfolgen und sich bei ihren vergangenen Projekten als erfolgreich hinsichtlich Planqualität und -lieferung erwiesen haben. Es ist anzunehmen, dass auch die restlichen 19 Expert*innen, die diese Frage nicht beantwortet haben, in ihren bisherigen Projekten ebenfalls nicht auf solche alternativen Vertragsmodelle gestoßen sind.	59,09%
2	Diese Kategorie umfasst Expert*innen, die innovativen Ansätze in traditionellen Projektabwicklungs- und Vertragsmodellen integriert haben. Ein Beispiel hierfür sind Generalunternehmerverträge (GU-Verträge), bei denen die Ausführungs- und Detailplanungen, wie die Polierplanung sowie Schalungs- und Bewehrungsplanung, entweder durch den Generalunternehmer (die ausführende Firma) selbst oder durch einen Subplaner des Generalunternehmers durchgeführt werden, oder die Verrechnung der Planleistungen nach Regiestunden.	18,18%
3	In dieser Kategorie sind die Expert*innen zusammengefasst, die bereits mit integrierten Projektabwicklungs- und Vertragsmodellen gearbeitet haben. Zu diesen Modellen zählen unter anderem das Allianzmodell, Value Engineering, FIDIC-Modelle (bei denen die Fristen präzise festgelegt werden, während die ÖNORM häufig unscharfe Formulierungen wie „rechtzeitig" verwendet), IPD (Integrated Project Delivery) sowie der Design-Build-Vertrag.	22,73%

Die obige Tabelle zeigt deutlich, dass ein erheblicher Teil der befragten Expert*innen keine Erfahrungen mit alternativen Vertragsmodellen hat.

In der Expert*innenumfrage äußerte eine Expert*in, mit über 20 Jahren Erfahrung im Bauwesen und als Contract Manager in einem großen Unternehmen, dass *„der Erfolg hinsichtlich der Planqualität nicht ausschließlich vom Vertragsmodell abhängig ist. Hier spielen mehrere Faktoren wie Kapazität und Erfahrung des Planungsbüros, die vereinbarten und zugesprochenen Planlieferfristen, die festgelegten Qualitätsstandards und der Umgang und die Zusammenarbeit der einzelnen Beteiligten eine wesentliche Rolle."*

6.2.3 Die Planung im Zuge der Ausschreibung

In diesem Abschnitt werden die Fragen zur Planung im Rahmen der Ausschreibung behandelt. Dabei wird eingehend auf die verschiedenen Themenbereiche eingegangen, die Qualität der Ausschreibungspläne und Leistungsbeschreibungen analysiert sowie die Vorgehensweise bei Unklarheiten in der Ausschreibungsplanung erörtert. Ziel ist es, ein umfassendes Verständnis für die Herausforderungen und Anforderungen im Zusammenhang mit der Planung während der Ausschreibungsphase zu entwickeln.

Frage 12: Bitte bewerten Sie die der Ausschreibung beigelegten Planunterlagen im Bauwesen während der Ausschreibungsphase?

Diese Frage soll einen Überblick über den aktuellen Qualitätsstand der den Ausschreibungen beigelegten Planunterlagen im österreichischen Bauwesen während der Ausschreibungsphase geben. Die Bewertung erfolgt nach dem Schulnotensystem, wobei 1 für „sehr gut" und 5 für „nicht genügend" steht.

Die folgende Abbildung zeigt, dass nur etwa 5 % der befragten Expert*innen die Qualität der Ausschreibungspläne im österreichischen Bauwesen als „ausgezeichnet" bewertet haben. Rund 9 % der Befragten bezeichneten die Qualität als „gut“, während etwa 54 % sie als „zufriedenstellend“ einstuften. Etwa 30 % der befragten Personen gaben der Qualität der Ausschreibungspläne die Note 4, wobei 2 % der befragten Expert*innen die Ausschreibungspläne allgemein mit der Note 5, also als „nicht genügend“, bewerteten.

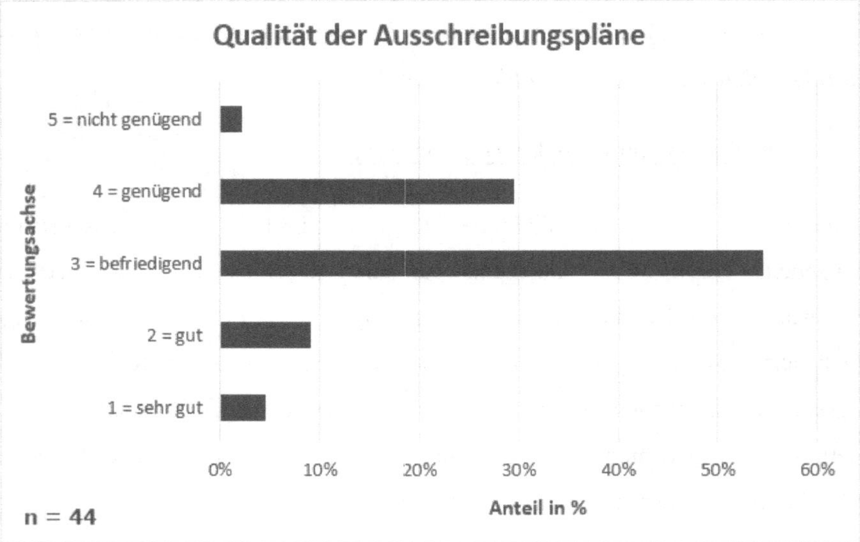

Abb. 6.10: Qualität der Ausschreibungspläne, Quelle: [eigene Darstellung]

Frage 13: Haben Sie mehr Erfahrung mit konstruktiver oder funktionaler Leistungsbeschreibung?

Ziel dieser Frage ist es, festzustellen, welche Art der Leistungsbeschreibung im Bauwesen am häufigsten verwendet wird. Dabei wird zwischen konstruktiver und funktionaler Leistungsbeschreibung unterschieden.

Das Balkendiagramm zeigt deutlich, dass die Mehrheit der befragten Expert*innen mit konstruktiven Leistungsbeschreibungen sowie Leistungsverzeichnissen arbeitet, nämlich etwa 70 %. Die restlichen rund 30 % der befragten Personen arbeiten eher mit funktional ausgeschrieben Projekten.

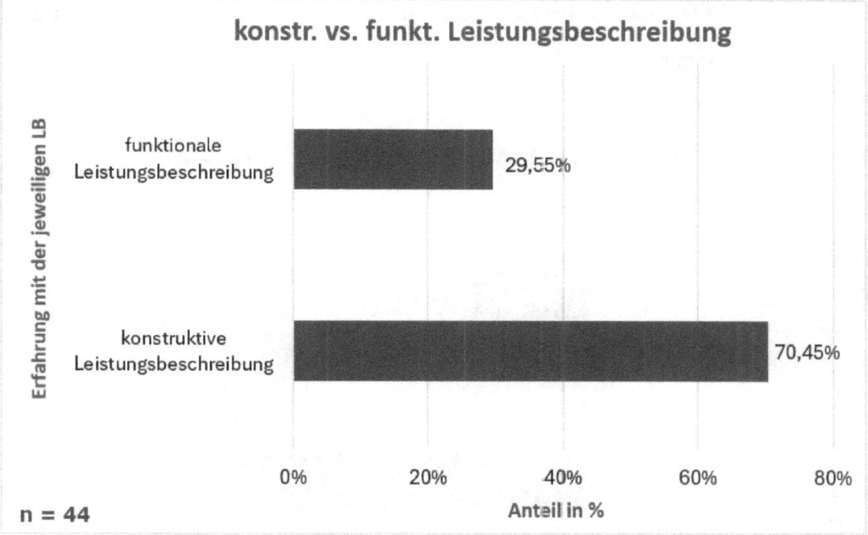

Abb. 6.11: Erfahrung mit konstruktiver und funktionaler Leistungsbeschreibung, Quelle: [eigene Darstellung]

Frage 14: Mit welcher Art haben Sie positivere Erfahrungen gesammelt?

Frage 13 zeigt, dass die Mehrheit der Projekte auf der Grundlage konstruktiver Ausschreibungen durchgeführt wird. Mit dieser Frage soll ermittelt werden, welche Art der Leistungsbeschreibung allgemein positivere Auswirkungen auf das Projekt hatte, unabhängig von den Gründen für die Wahl der Ausschreibungsart (z. B.

müssen einige Projekte, wie bei Globalpauschalpreisverträgen, zwingend funktional ausgeschrieben werden).

Die folgende Abbildung zeigt, dass etwa 77 % der befragten Expert*innen positive Erfahrungen mit konstruktiven Leistungsbeschreibungen gesammelt haben, während nur 23 % positive Erfahrungen mit funktionalen Leistungsbeschreibungen verzeichnen konnten.

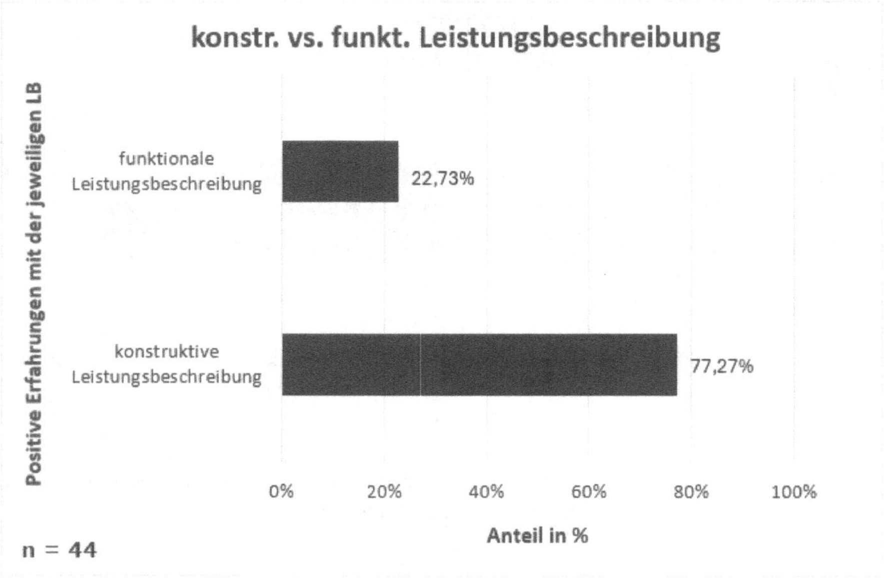

Abb. 6.12: konstruktive vs. funktionale Leistungsbeschreibung, Quelle: [eigene Darstellung]

<u>Frage 15:</u> Stellen Sie Bieter*innenfragen bei Unklarheiten zur Ausschreibungsplanung?

Frage 15 zielt darauf ab, ob die Bieter*innen bzw. die ausführenden Firmen im Vergabeverfahren bei Unklarheiten in den Ausschreibungsunterlagen, wie etwa bei Plänen, Terminen, Qualitätsanforderungen etc., Fragen stellen.

Gemäß der folgenden Abbildung lässt sich feststellen, dass etwa 91 % der befragten Expert*innen Bieter*innenfragen bei Unklarheiten in der Ausschreibungsplanung stellen. Nur eine der Befragten, also 2 % der Probandinnen, hat diese Frage mit „Nein“ beantwortet. Etwa 7 % der Proband*innen gaben an, Bieter*innenfragen nur selten zu stellen.

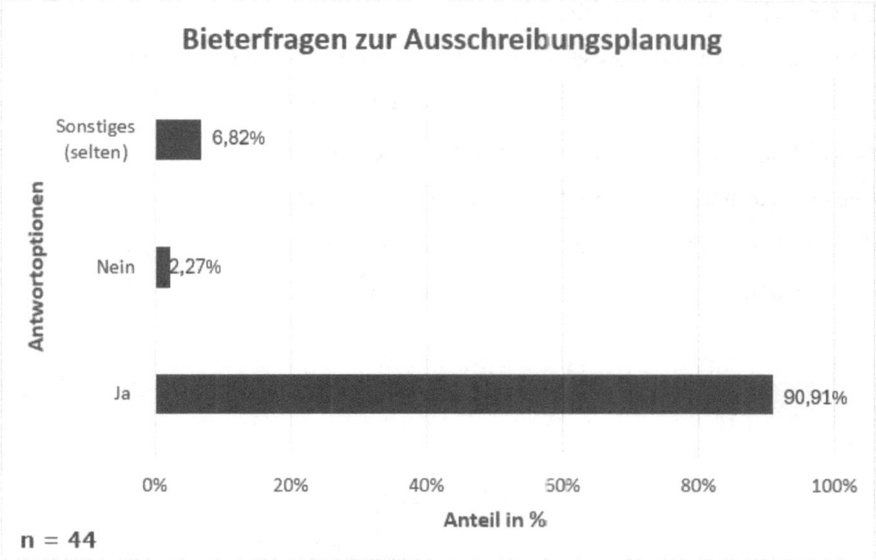

Abb. 6.13: Bieterfragen zur Ausschreibungsplanung, Quelle: [eigene Darstellung]

Frage 16: Wenn ja, zu welchen Themen?

Frage 16 bezieht sich auf Frage 15 und wurde daher nur den befragten Personen gestellt, die Frage 15 mit „Ja“ beantwortet haben. Das betrifft 40 der 44 Expert*innen. Diese Frage untersucht die Themenbereiche, die häufig als Bieter*innenfragen bei Unklarheiten im Vergabeverfahren an den AG gestellt werden.

Die folgende Abbildung zeigt, dass die Hälfte der befragten Fachexpert*innen Fragen zur fehlenden Bauphysik-Gutachten, Retention und ähnlichen Themen stellen. Nur 35 % der Befragten stellen Bieter*innenfragen zum fehlenden Baubescheid an den Ausschreibenden. 95 % der befragten Personen richten Bieter*innenfragen zu Widersprüchen in den Unterlagen. 62,5 % der Proband*innen stellen Fragen zu offensichtlichen Fehlern, wie unklaren Kennzeichnungen auf den Plänen oder mangelnder Berücksichtigung von Vorschriften. Zudem stellen 72,5 % der befragten Personen Bieter*innenfragen bezüglich unklarer Angaben, wie der erforderlichen Betonqualität für das Fundament.

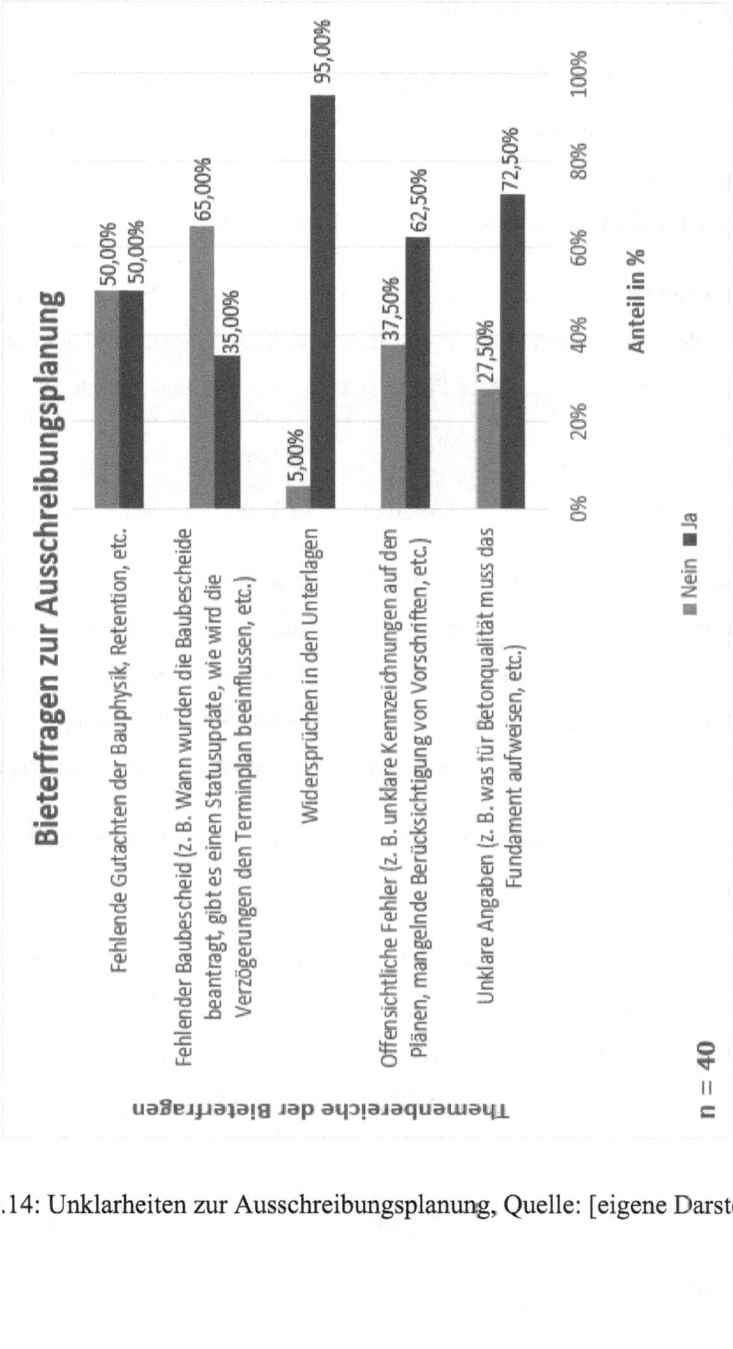

Abb. 6.14: Unklarheiten zur Ausschreibungsplanung, Quelle: [eigene Darstellung]

Frage 17: Wenn nein, wieso nicht?

Diese Frage bezieht sich ebenfalls auf Frage 15 und wurde daher nur den befragten Personen gestellt, die Frage 15 mit „Nein“ oder „Sonstiges“ beantwortet haben. Insgesamt haben 4 der befragten Expert*innen Frage 15 mit „Nein“ oder „Sonstiges“ beantwortet und erhielten daher statt Frage 16 diese spezifische Frage 17.

Die befragten Personen, welche die Frage 17 beantwortet haben, gaben an, dass sie aufgrund des Zeitdrucks auf die Formulierung solcher Fragen verzichtet haben. Sie sind der Ansicht, dass in dieser Phase andere Faktoren und Punkte wichtiger zur Klärung sind.

6.2.4 Die Planung während der Ausführung bzw. nach Vertragsabschluss

In diesem Abschnitt werden Fragen zur Planqualität und -lieferung in der Ausführungsphase behandelt. Dabei werden folgende Themenbereiche behandelt: die normgemäße Qualität der Ausführungspläne, Kategorien von Planlieferverzögerungen, deren Ursachen und Auswirkungen, Planlaufzeiten sowie die Aspekte von Building Information Modeling (BIM) und Lean Construction.

Frage 18: Bitte bewerten Sie die aktuelle Planqualität im Bauwesen während der Ausführungsphase?

Diese Frage soll einen Überblick über den aktuellen Qualitätsstand der Ausführungspläne im österreichischen Bauwesen während der Ausführungsphase bzw. nach dem Vertragsabschluss geben. Die Bewertung erfolgt nach dem Schulnotensystem, wobei 1 für „sehr gut“ und 5 für „nicht genügend“ steht.

Die untenstehende Abbildung zeigt, dass etwa 64 % der befragten Expert*innen die Qualität der Ausschreibungsunterlagen mit der Note 3 bewertet haben, was auf eine mittelmäßige Zufriedenheit hinweist. Bemerkenswert ist, dass nur rund 4,5 % der Befragten die Ausführungspläne als ausgezeichnet bewerten. Etwa 18 % der Teilnehmer*innen finden die Qualität der Ausführungspläne gut. 9 % der befragten Personen gaben der Qualität der Ausführungspläne die Note 4 und 4,5 % sind der Ansicht, dass die Qualität der Ausführungspläne heutzutage nicht genügend ist.

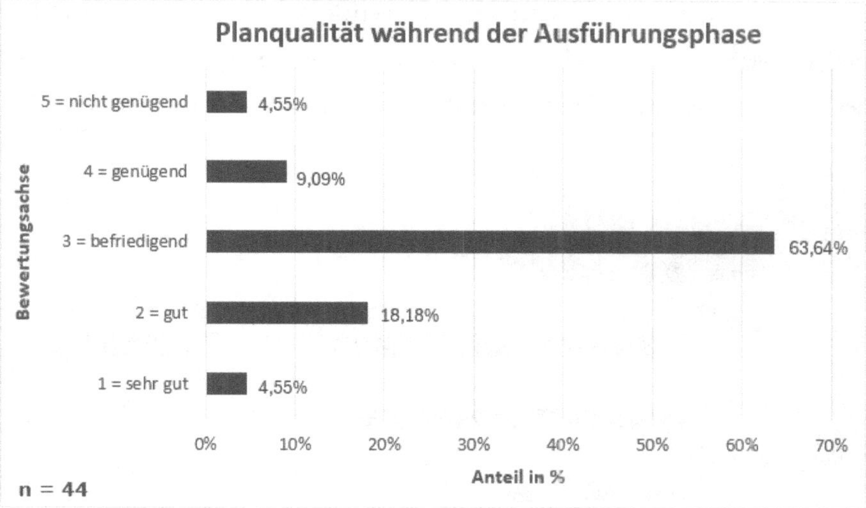

Abb. 6.15: Planqualität während der Ausführungsphase, Quelle: [eigene Darstellung]

Frage 19: Bitte schätzen Sie ein, wie häufig Sie bei Ihren letzten Projekten normgemäße Ausführungsplänen erhalten haben?

Diese Frage soll einen Überblick verschaffen über die normgemäße Planung. Sie soll klären, ob die Ausführungspläne gemäß den ÖNOMEN erstellt werden. Konkret bezieht sich dies auf die ÖNORM A 6240, Ausgabe 04-2018 (vgl. Kapitel 3.1), welche die Mindestinhalte der Ausführungspläne darstellt.

Laut dem folgenden Diagramm gaben etwa 55 % der befragten Personen an, dass sie „oft“ normgerechte Ausführungspläne für ihre Projekte erhalten haben. Im Gegensatz dazu sind nur 4,5 % der Befragten der Meinung, dass sie „immer“ normgerechte Ausführungspläne bekommen. 29,5 % der teilnehmenden Personen haben angegeben, „manchmal“ normgerechte Ausführungsunterlagen erhalten zu haben, während 9 % der befragten Personen berichteten, dass sie nur „selten“ Pläne mit normgerechter Qualität bekommen. Etwa 2 % der befragten Expert*innen sind der Ansicht, dass sie „nie“ normgerechte Ausführungspläne erhalten haben.

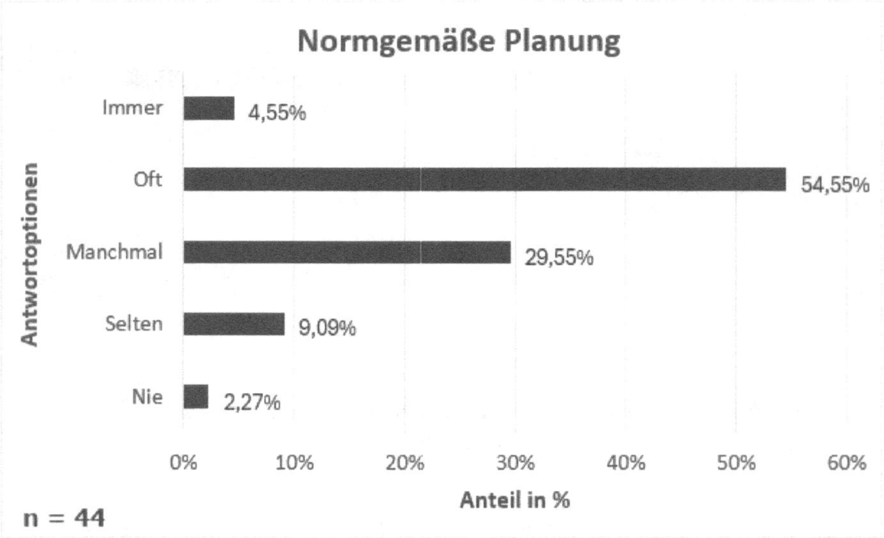

Abb. 6.16: normgemäße Ausführungspläne, Quelle [eigene Darstellung]

<u>Frage 20:</u> Aus der Literatur ist bekannt, dass ein Planlieferverzug in unterschiedliche Kategorien eingeteilt werden kann. Bei wie viele Projekten haben Sie die Planunterlagen entsprechend den angeführten Kategorien angetroffen?

Die Frage 20 beschäftigt sich mit den verschiedenen Kategorien, in die Verzögerungen bei der Planlieferung unterteilt werden können. Hierbei sollen die befragten Expert*innen die entsprechenden Kategorien zu den Projekten zuordnen, in denen es zu Verzögerungen bei der Planlieferung gekommen ist. Ziel ist es, ein besseres Verständnis dafür zu erlangen, wie häufig diese Kategorien auftreten.

<u>Kategorie 1:</u> „Übergabe verspätet, Planqualität Ok und Planunterlagen vollständig"

Die Auswertung von Frage 20 zeigt, dass etwa 16 % der befragten Expert*innen in 0 bis 20 % ihrer Projekte auf Kategorie 1 gestoßen sind. Rund 35 % gaben an, in 21 bis 40 % bzw. 41 bis 60 % ihrer Projekte mit dieser Kategorie in Berührung gekommen zu sein. Weitere 12 % berichteten, dass Kategorie 1 in 61 bis 80 % ihrer Projekte eine Rolle spielte. Lediglich 2 % der Teilnehmenden gaben an, dass sie in mehr als 80 % ihrer Projekte auf diese Kategorie gestoßen sind.

<u>Kategorie 2:</u> „Übergabe zeitgerecht, fehlerhafte bzw. unvollständige Planunterlagen"

Die Auswertung zeigt, dass 16 % der befragten Expert*innen in 0 bis 20 % ihrer Projekte auf Kategorie 2 gestoßen sind. 30 % der Befragt*innen haben angegeben, dass sie in 21 bis 40 % ihrer Projekte mit dieser Kategorie konfrontiert waren. Bei 40 % der Expert*innen trat Kategorie 2 in 41 bis 60 % ihrer Projekte auf. Weitere 12 % gaben an, dass sie in 61 bis 80 % ihrer Projekte auf diese Kategorie gestoßen sind. Nur 2 % der Expert*innen berichteten, dass sie in mehr als 80 % ihrer Projekte auf Kategorie 2 getroffen sind.

Kategorie 3: „Übergabe verspätet und Planqualität mangelhaft“

Diese Kategorie stellt die kritischste dar. Rund 16 % der befragten Expert*innen gaben an, dass sie in 0 bis 20 % ihrer Projekte auf Kategorie 3 gestoßen sind. Bei 30 % der Antworten trat diese Kategorie in 21 bis 40 % der Projekte auf. Ein erheblicher Anteil von 39 % der Expert*innen berichtete, dass sie in 41 bis 60 % ihrer Projekte mit dieser Kategorie konfrontiert waren. Weitere 16 % der Befragten gaben an, dass sie in 61 bis 80 % ihrer Projekte auf Kategorie 3 getroffen sind. Interessanterweise wurde diese Kategorie bei keinem Projektanteil über 80 % angegeben, was darauf hindeutet, dass extrem häufige Vorkommen dieser schwerwiegenden Kategorie eher selten sind.

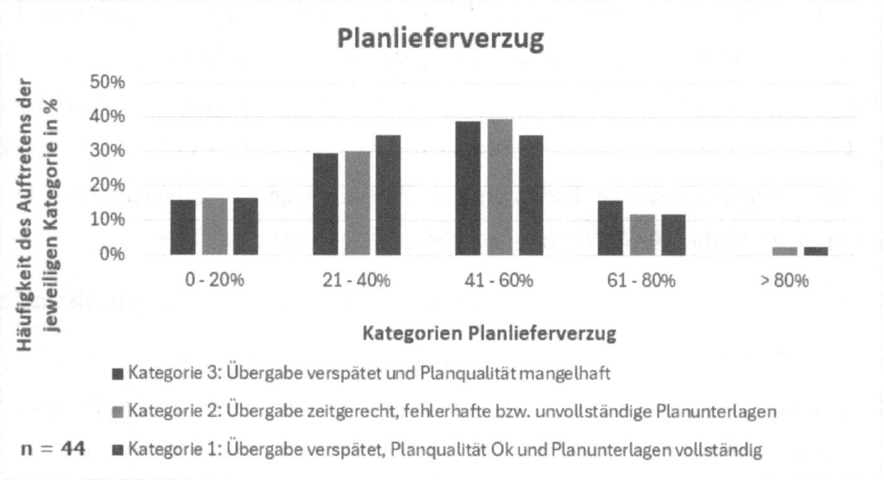

Abb. 6.17: unterschiedliche Kategorien eines Planlieferverzuges, Quelle: [eigene Darstellung]

Frage 21: Wie beurteilen Sie die Entwicklung der Planqualität in den letzten 2 Jahren?

Diese Frage bietet einen Überblick über die Entwicklung der Planqualität in den letzten Jahren. Die befragten Expert*innen konnten diese Frage mit den Optionen „verbessert", „verschlechtert" und „gleich" beantworten.

Das folgende Diagramm zeigt, dass 63,5 % der Proband*innen angegeben haben, dass sich die Qualität der Pläne in den letzten zwei Jahren verschlechtert hat. Etwa 13,5 % der befragten Personen sind der Meinung, dass sich die Qualität der Pläne verbessert hat. Demgegenüber stehen 23 % der Expert*innen, die der Ansicht sind, dass die Qualität der Pläne in den letzten 2 Jahren gleichgeblieben sind.

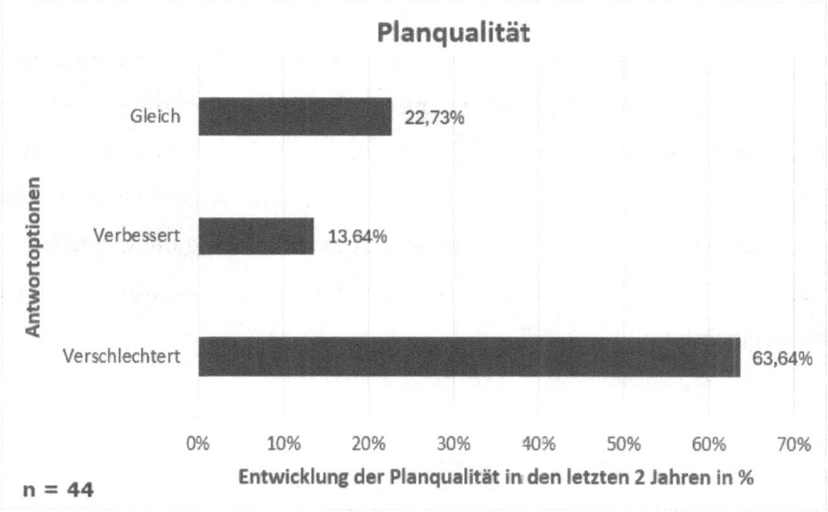

Abb. 6.18: Entwicklung der Planqualität, Quelle: [eigene Darstellung]

<u>**Frage 22:**</u> Was zeichnet eine hohe Qualität der Ausführungspläne aus?

Die Frage 22 beinhaltete verschiedene Vorschläge für die befragten Expert*innen zur Bewertung der Qualität von Ausführungsplänen. Die Bewertung erfolgte nach dem Schulnotensystem, wobei die Note 1 für „sehr gut“ und die Note 5 für „nicht genügend“ steht.

Wie in der folgenden Abbildung dargestellt, bewerteten 80 – 90 % der befragten Expert*innen die „Vollständigkeit und Plausibilität der dargestellten Pläne (z. B. alle relevanten Grundrisse, Schnitte und Details, Maße und Abmessungen, Beschriftung, Achsmaße, Plankopf, Maßstab, Nordpfeil)“ sowie die „Genauigkeit (z. B. Übereinstimmung der Höhenkoten in allen Grundrissen und Schnitten, Positionen von Schlitzen und Durchbrüchen)“ und die „technische Durchführbarkeit (z. B. bauphysikalisch, statisch, bautechnisch)“ mit einer Note 1.

Etwa 50 – 60 % der Proband*innen vergaben ebenfalls die Note 1 für die „Angaben zum Bestand“ und die „Übereinstimmung mit den technischen sowie behördlichen Vorschriften“. Wie im folgenden Diagramm ersichtlich, bewertete keiner der Expert*innen diese Aspekte als unwichtig, sodass keine Note 5 vergeben wurde. Eine Ausnahme bildet lediglich der Punkt „Übereinstimmung mit den technischen sowie behördlichen Vorschriften“, bei dem 2 % der Befragten, also eine Person, eine Note 5 vergaben.

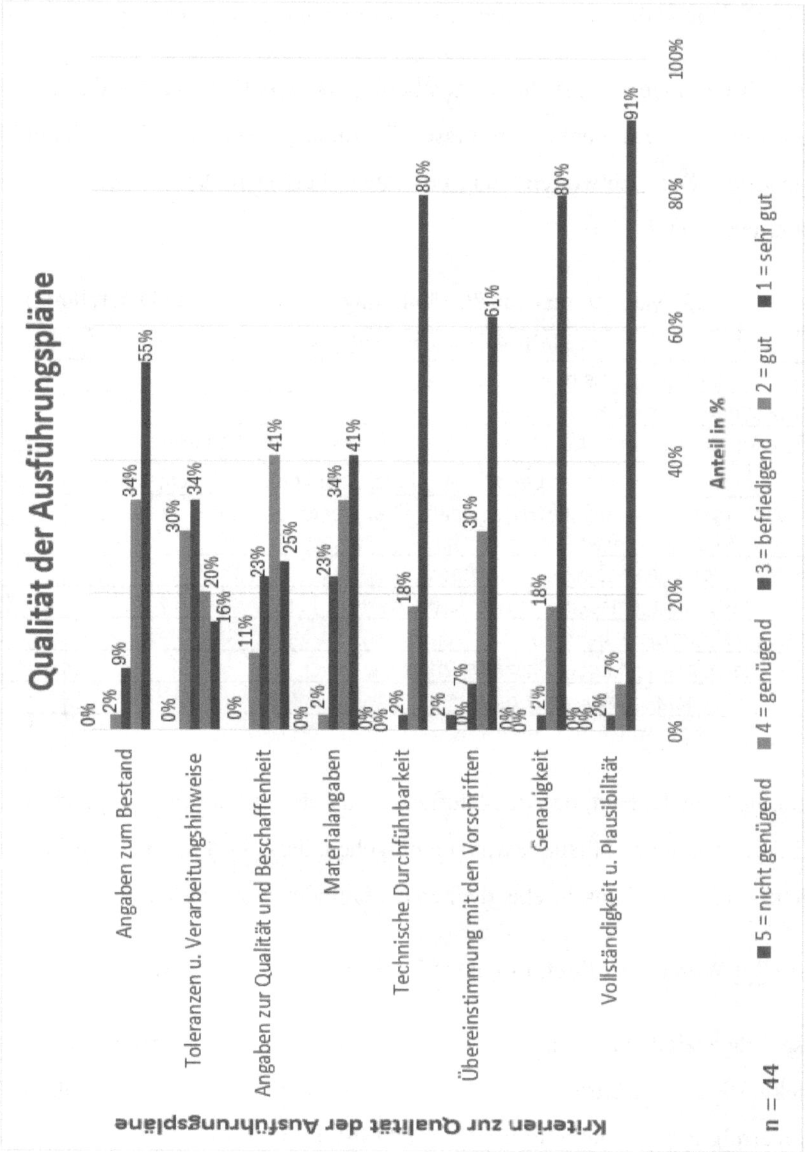

Abb. 6.19: Qualität der Ausführungspläne, Quelle: [eigene Darstellung]

Frage 23: Wie sollte Ihrer Ansicht nach mit Planänderungen umgegangen werden?

Diese offene Frage ermöglichte es den befragten Expert*innen, ihre Gedanken und Ideen frei zu formulieren. An dieser Befragung haben 28 Teilnehmer*innen mitgewirkt. Die Antworten der befragten Personen lassen sich wie folgt zusammenfassen:

Tab. 6.3: Maßnahmen zur Planänderung, Quelle: [eigene Darstellung]

Maßnahmen zur Planänderung	Anteil in %
Planänderungen so gut als möglich vermeiden.	3,85%
Rechtzeitig Reagieren (Anmeldung).	30,77%
In Besprechungen potenzielle Mehrkosten und Auswirkungen thematisieren.	11,54%
Auswirkungen dokumentieren und mit allen Beteiligten kommunizieren.	11,54%
Den Auftraggeber darauf hinweisen, dass Planänderungen stets Einfluss auf Termine und Kosten haben.	7,69%
Mehrere Änderungen gebündelt vornehmen.	3,85%
Jeder Änderung einen neuen Index zuweisen.	19,23%
Änderungen normgerecht im Plankopf vermerken.	3,85%
Änderungen digital und farblich kenntlich machen.	3,85%
Alle Vorgänge genau dokumentieren.	3,85%

Die obige Tabelle zeigt, dass die häufigste Antwort der befragten Expert*innen auf die Frage, wie sie mit Planänderungen umgehen, darin besteht, diese rechtzeitig zu berücksichtigen und anschließend einen neuen Index zuzuweisen.

Frage 24: Werden bei Ihren Projekten Planlauffristen vereinbart?

Diese Frage zielt darauf ab, zu klären, ob die befragten Expert*innen in ihren Projekten Planvorlauffristen festlegen, da diese eine entscheidende Rolle bei der Nachverfolgung der Planlieferungen spielt (vgl. Kapitel 3.1).

Das Balkendiagramm zeigt deutlich, dass etwa 73 % der befragten Expert*innen die Planvorlauffristen in ihren Projekten vereinbaren, während 23 % diese Fristen nicht festlegen.

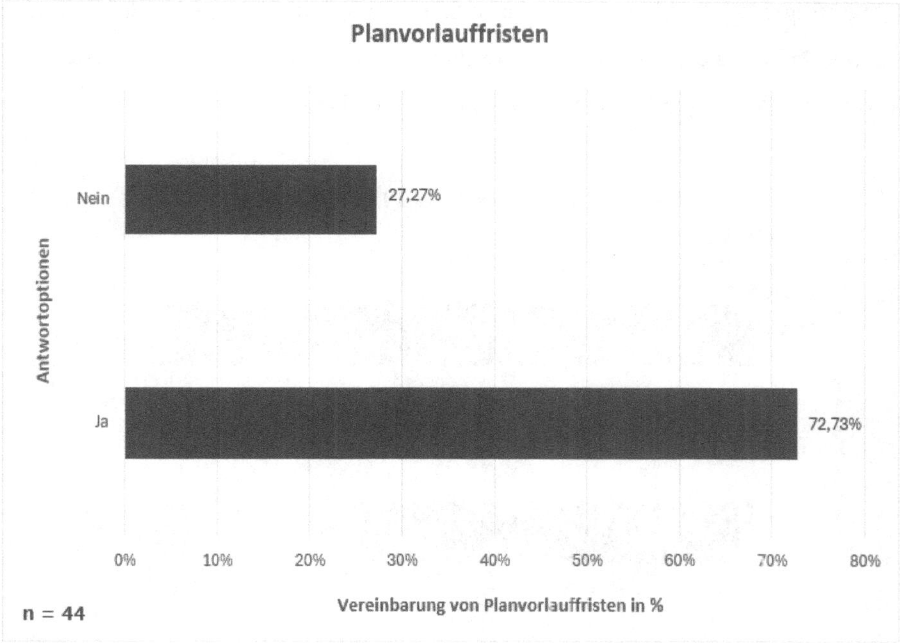

Abb. 6.20: Planvorlauffristen, Quelle: [eigene Darstellung]

Frage 25: Werden Vorlauffristen mit den Planeingangsdaten im SOLL, im Vertragsbauzeitplan erfasst?

Die Frage 25 bezieht sich auf Frage 24 und untersucht, ob die befragten Expert*innen in ihrer beruflichen Praxis die Planvorlauffristen mit den Soll-Eingangsdaten im Vertragsterminplan erfassen. Dies bedeutet, dass überprüft wird, inwieweit die Expert*innen die geplanten zeitlichen Puffer, die vor dem tatsächlichen Beginn bestimmter Vertragsleistungen notwendig sind, in ihre Terminpläne integrieren.

Die folgende Abbildung veranschaulicht, dass lediglich 39 % der befragten Expert*innen diese Vorlauffristen in ihren Vertragsterminplänen berücksichtigen, während die übrigen 61 % diese Fristen in ihren Planungen nicht einbeziehen.

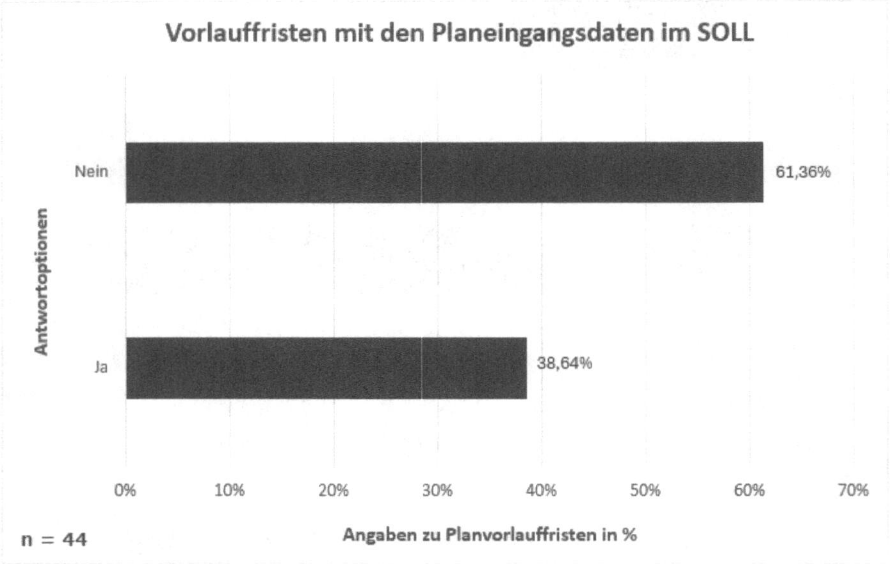

Abb. 6.21: Vorlauffristen mit den Planeingangsdaten im SOLL, Quelle: [eigene Darstellung]

Frage 26: Welche Vorlauffristen würden Sie als angemessen erachten? (Teil 1 - Darstellung einer Tabelle mit Vorlauffristen nach der Literatur)

Die Vorlauffristen wurden in der vorliegenden Untersuchung sowohl nach den Vorgaben der Literatur als auch nach praktischen Gesichtspunkten unterteilt. Diese Frage konzentriert sich speziell auf die Vorlauffristen nach den Definitionen und Vorgaben von Kropik (vgl. Frageboden) und zielt darauf ab, ob die befragten Expert*innen diese Vorlauffristen als angemessen empfinden.

Die Bewertungen der Proband*innen, wie in der folgenden Abbildung dargestellt, zeigen, dass die Mehrheit der befragten Personen die Vorlauffristen nach Kropik als angemessen erachtet. Etwa 20 % der befragten Expert*innen äußerten Unsicherheit in Bezug auf die Angemessenheit dieser Fristen, während ungefähr 10 % der befragten Personen die Vorlauffristen nach Kropik als unangemessen bewerteten. Diese Ergebnisse deuten darauf hin, dass die Vorlauffristen nach Kropik von der Mehrheit der Fachleute akzeptiert werden, jedoch auch ein gewisser Anteil an Unsicherheit und kritischer Bewertung vorhanden ist, was möglicherweise auf unterschiedliche Erfahrungen und Perspektiven in der Praxis zurückzuführen ist.

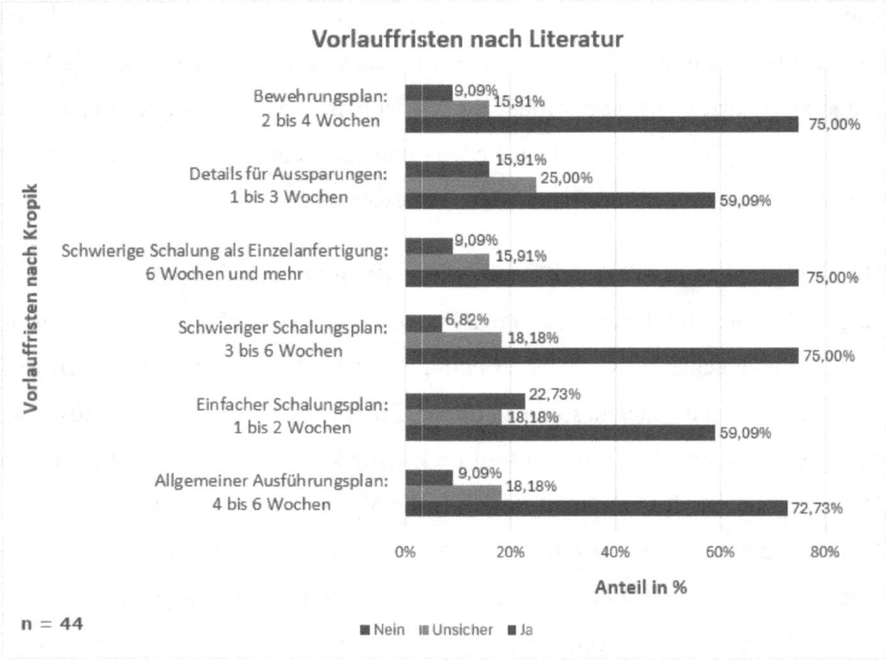

Abb. 6.22: Vorlauffristen nach Literatur, Quelle: [eigene Darstellung]

Frage 27: Welche Vorlauffristen würden Sie als angemessen erachten? (Teil 2 - Vorlauffristen nach Erfahrung)

Diese Frage bezieht sich auf die Vorlauffristen, die von den befragten Expert*innen in der Praxis bei ihren Projekten vertraglich festgelegt werden. Insgesamt haben 24 Befragte diese Frage vollständig beantwortet. Die Einschätzung der Vorlauffristen für verschiedene Planungsarten hängt von mehreren Faktoren ab, darunter die Größe und Komplexität des Bauvorhabens sowie der Schwierigkeitsgrad.

Die folgende Tabelle veranschaulicht deutlich, dass die befragten Expert*innen sehr unterschiedliche Vorlauffristen angegeben haben. Dabei wurde ein Mittelwert als voraussichtliche Vorlauffrist für die jeweilige Planungsart ermittelt.

Tab. 6.4: Vorlauffristen nach Erfahrung, Quelle: [eigene Darstellung]

Planungsart	Vorlauffrist
Allgemeiner Ausführungsplan:	3 bis 6 Wo.
1 Wo.	4,76%
2 Wo.	9,52%
3 Wo.	19,05%
4 Wo.	14,29%
5 Wo.	9,52%
6 Wo.	28,57%
8 Wo.	4,76%
9 Wo.	9,52%
Einfacher Schalungsplan:	1 bis 3 Wo.
1 Wo.	26,09%
2 Wo.	30,43%
3 Wo.	21,74%
4 Wo.	17,39%
6 wo.	4,35%
Schwieriger Schalungsplan:	2 bis 8 Wo.
1 Wo.	8,70%
2 Wo.	26,09%
3 Wo.	17,39%
4 Wo.	13,04%
5 Wo.	4,35%
6 Wo.	13,04%
8 Wo.	17,39%
Schwierige Schalung als Einzelanfertigung	2 bis 8 Wo.
2 Wo.	23,53%
3 Wo.	17,65%
4 Wo.	11,76%
6 Wo.	11,76%
8 Wo.	29,41%
9 Wo.	5,88%
Details für Aussparungen:	1 bis 3 Wo.
1 Wo.	22,22%
2 Wo.	27,78%
3 Wo.	27,78%
4 Wo.	11,11%
6 wo.	11,11%
Bewehrungsplan:	2 bis 5 Wo.
1 Wo.	9,52%
2 Wo.	28,57%
3 Wo.	19,05%
4 Wo.	23,81%
5 Wo.	14,29%
6 Wo.	4,76%

Frage 28: Werden verspätete Pläne dokumentiert?

Frage 28 zielt darauf ab, zu ermitteln, ob die befragten Expert*innen in der Praxis bei ihrer Projekten verspätet gelieferte Pläne dokumentieren. Diese Dokumentation ist ein wichtiger Aspekt des Projektmanagements, da sie dazu beiträgt, Verzögerungen nachvollziehbar zu machen und entsprechende Maßnahmen ergreifen zu können.

Das zugehörige Balkendiagramm verdeutlicht, dass etwa 89 % der befragten Personen verspätete Pläne tatsächlich dokumentieren, während 11 % der Proband*innen dies nicht tun. Diese Ergebnisse zeigen eine klare Tendenz zur Dokumentation von Verzögerungen, was auf ein Bewusstsein für die Bedeutung in der Praxis hinweist. Allerdings gibt es auch eine Minderheit, die diese Dokumentation nicht vornimmt, was möglicherweise auf unterschiedliche Prioritäten oder Herausforderungen in der Projektumsetzung hinweisen könnte.

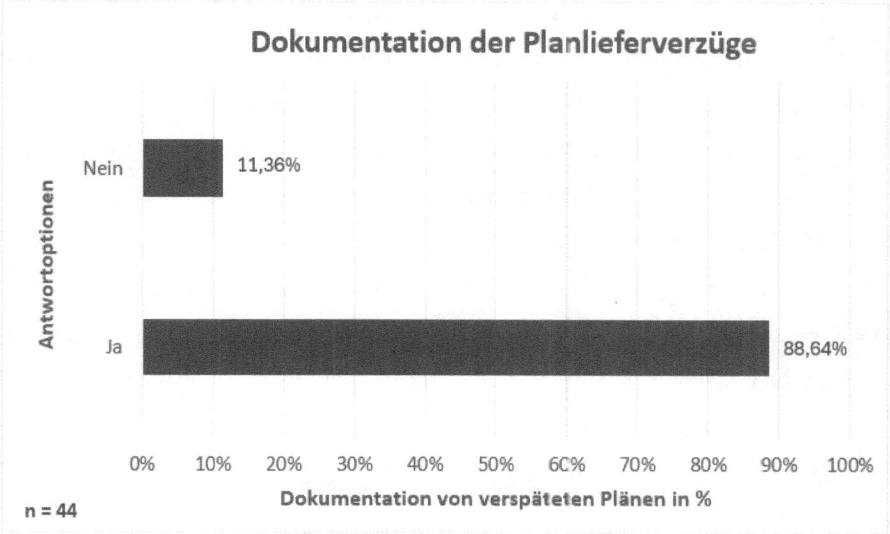

Abb. 6.23: Dokumentation der verspätet gelieferten Pläne, Quelle: [eigene Darstellung]

Frage 29: Wenn ja, wie?

Frage 29 baut auf den Ergebnissen von Frage 28 auf und richtet sich daher ausschließlich an die 39 Proband*innen, welche die Frage 28 mit „Ja“ beantwortet haben, das heißt, die verspätet gelieferte Pläne dokumentieren. Insgesamt hatten 39 von 44 Personen angegeben, dass sie verspätete Pläne in ihrer Praxis dokumentieren. Ziel von Frage 29 ist es, einen Überblick über die Dokumentationsmittel zu verschaffen, die von diesen Expert*innen verwendet werden, um verspätete Pläne festzuhalten. Damit soll herausgefunden werden, welche Methoden und Werkzeuge in der Praxis am häufigsten zur Dokumentation solcher Verzögerungen genutzt werden.

Aus der folgenden Abbildung lässt sich ableiten, dass etwa 36 % der Proband*innen eine spezielle Planprüfungsplattform wie „c.des“ verwenden, während 64 % dies nicht tun. Umgekehrt dokumentieren 64 % der befragten Expert*innen die verspäteten Pläne in Planeingangslisten, während 34 % dies nicht tun. Darüber hinaus geben 67 % der Befragt*innen an, verspätete Pläne im Schriftverkehr, einschließlich E-Mails, zu dokumentieren, etwa 51 % dokumentieren sie in Besprechungsprotokollen, und 31 % nutzen Bautagesberichte für diese Dokumentation. Nur 10 % der Proband*innen an, verspätete Pläne im Baubuch festzuhalten.

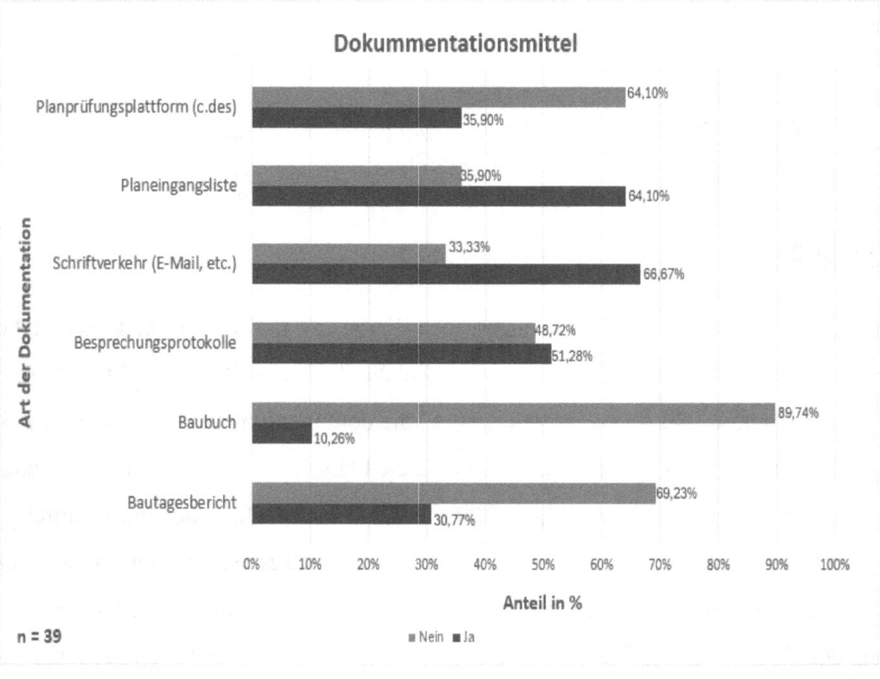

Abb. 6.24: Dokumentationsmittel der verspätet gelieferten Pläne, Quelle: [eigene Darstellung]

Frage 30: Werden Auswirkungen von mangelnder Planqualität bzw. verspäteter Planung im Bautagesbericht dokumentiert?

Da laut Köchendorfer den Bautagesberichten die höchste dokumentarische Beweiskraft zugeschrieben wird (vgl. Kapitel 3.1), wurde in dieser Frage untersucht, ob die befragten Expert*innen die Auswirkungen von mangelhafter Planqualität und verspäteten Plänen in den Bautagesberichten dokumentieren. Das Balkendiagramm zeigt deutlich, dass nur die Hälfte der befragten Expert*innen diese Auswirkungen tatsächlich in den Bautagesberichten festhält.

- Diejenigen Proband*innen, die diese Frage mit „Ja" beantwortet haben, kommentierten teilweise, dass sie diese Dokumentation im Bautagesbericht nur dann vornehmen, wenn durch die Verzögerungen oder die mangelhafte Planqualität Mehrkosten entstehen.
- Die Proband*innen, die mit „Nein" antworteten, äußerten teilweise die Meinung, dass Bautagesberichte kein geeignetes Dokumentationsmittel für solche Informationen seien, da das Bewusstsein für die Bedeutung dieser Verzögerungen häufig noch nicht ausreichend ausgeprägt ist. Diese halten Planlieferverzüge mittels alternative Dokumentationsmittel wie den Schriftverkehr (z. B. E-Mails) und Baubesprechungsprotokolle fest.

Anmerkung: Die Fragen 28 und 29 beschäftigen sich rein mit der Dokumentation von verspätet gelieferten Plänen, wobei die Mehrheit der befragten Expert*innen diese in Planlieferlisten, Planprüfungsplattformen, im Schriftverkehr und in Besprechungsprotokollen festhalten. 31% der Befragten, entsprechend 12 von 39 Expert*innen, dokumentieren verspätet eingegangene Pläne auch im Bautagesbericht. Frage 30 zielt jedoch darauf ab, zu ermitteln, ob die **Auswirkungen** von mangelnder Planqualität oder verspäteter Planlieferung (vgl.

Kapitel 5.2.5) im Bautagesbericht dokumentiert werden, welchem eine hohe dokumentarische Beweiskraft zugeschrieben wird.

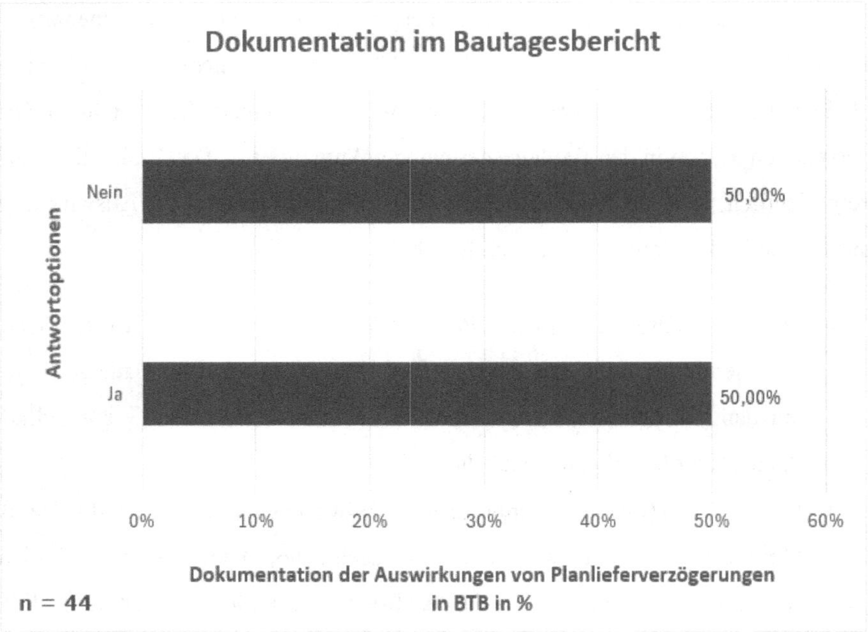

Abb. 6.25: Dokumentation der Auswirkungen von mangelnder Planqualität u. verspätet gelieferten Pläne in Bautagesbericht, Quelle: [eigene Darstellung]

Frage 31: Werden Pläne die verspätet vom AG / dessen Planer*in übermittelt werden und den kritischen Weg beeinflussen, dokumentiert?

Frage 31 zielt darauf ab, zu ermitteln, ob die Proband*innen zumindest die verspätet gelieferten Pläne, die den kritischen Weg eines Projekts beeinflussen, dokumentieren. Die Dokumentation solcher Pläne ist von besonderer Bedeutung, da

Verzögerungen auf dem kritischen Weg direkte Auswirkungen auf den gesamten Projektzeitplan und somit auf den Projekterfolg haben können.

Die folgende Abbildung verdeutlicht, dass etwa 86 % der befragten Expert*innen solche verspäteten Pläne, die den kritischen Weg betreffen, tatsächlich dokumentieren. Diese hohe Quote unterstreicht das Bewusstsein für die Relevanz der Dokumentation von Verzögerungen, die den kritischen Pfad eines Projekts beeinflussen, was essenziell für die spätere Nachverfolgung und das Management von Risiken und Verzögerungen im Projektverlauf ist.

Anmerkung: Aus Frage 28 geht hervor, dass 39 von 44 Befragten verspätete Pläne dokumentieren, während 5 dies nicht tun. In Frage 31 berichten jedoch nur 38 von 44 Teilnehmer*innen, dass sie verspätet gelieferte Pläne, die den kritischen Weg beeinflussen, dokumentieren. Dies deutet darauf hin, dass entweder eine Person die Fragestellung möglicherweise nicht vollständig verstanden hat oder ein Tippfehler vorliegen könnte.

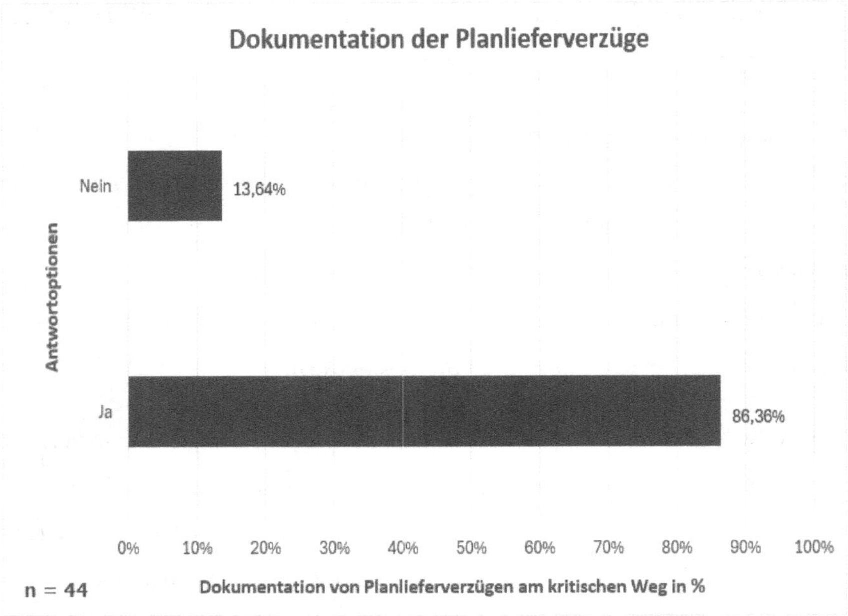

Abb. 6.26: Dokumentation von Planlieferverzögerungen, die den kritischen Weg beeinflussen, Quelle: [eigene Darstellung]

Frage 32: Bewerten Sie folgende Ursachen für Planlieferverzögerungen und schlechte Planqualität, die zu Leistungsstörung führen können?

Diese Frage untersucht, welche Ursachen in der Praxis häufig zu Planlieferverzögerungen und schlechter Planqualität führen, die wiederum zu Leistungsstörungen im Projektablauf beitragen können. Die Bewertung dieser Ursachen erfolgte anhand des Schulnotensystems, wobei die Note 1 für „sehr gut" und die Note 5 für „nicht genügend" steht. Ziel dieser Frage ist es, ein detailliertes Verständnis dafür zu gewinnen, welche Faktoren in der Praxis als besonders problematisch wahrgenommen werden und in welchem Maße sie zur Entstehung von Planungsproblemen und daraus resultierenden Leistungsstörungen beitragen. Die Ergebnisse dieser Bewertung sollen Aufschluss darüber geben, welche Ursachen vorrangig angegangen werden müssen, um die Planqualität und -lieferung zu verbessern und somit das Risiko von Projektverzögerungen zu minimieren.

Aus der folgenden Abbildung lässt sich ableiten, dass die baubegleitende Ausführungsplanung, fehlende Entscheidungen des Auftraggebers und kurzfristige Leistungsänderungen nach Meinung der befragten Expert*innen die häufigsten Ursachen für Planlieferverzug und schlechte Planqualität darstellen, wobei 40 bis 50 % der befargten Personen diese Ursachen als besonders relevant eingestuft haben.

Im Anschluss daran wurden unvollständige Angaben in den Ausführungsplänen, unvollständige Bestandspläne, verspätete Planübergaben, fehlende Planfreigaben sowie mangelnde Kommunikation und Koordination von etwa 40 % der Proband*innen ebenfalls als bedeutende Faktoren mit guten Noten bewertet.

Auffällig ist, dass lediglich die falschen Bestandsvermessungen von etwa 5 % der Proband*innen als unwichtig eingestuft und mit der Note 5 bewertet wurden. Für die restlichen genannten Ursachen hat keine der befragten Expert*innen die Note 5 vergeben, was darauf hindeutet, dass diese Faktoren insgesamt als relevant und problematisch wahrgenommen werden.

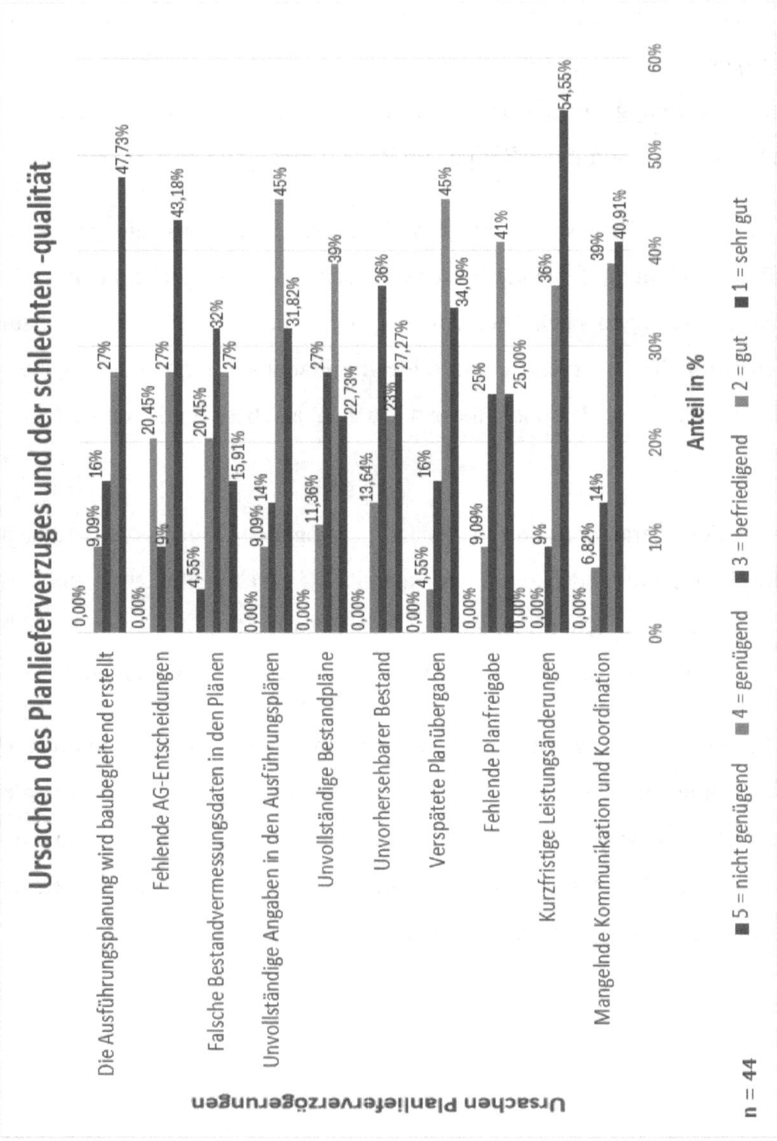

Abb. 6.27: Ursachen von Planlieferverzögerungen, Quelle: [eigene Darstellung]

Frage 33: Welche Auswirkungen entstehen aus Ihrer Sicht, wenn Pläne nicht rechtzeitig übermittelt werden?

Nachdem in Frage 32 die Ursachen für Planlieferverzögerungen ermittelt wurden, zielt Frage 33 darauf ab, die Auswirkungen zu identifizieren, die entstehen, wenn Pläne nicht rechtzeitig geliefert werden.

Die drei häufigsten genannten Auswirkungen, die von 85 % bis 95 % der befragten Expert*innen angegeben wurden, sind Verzögerungen im Bauablauf, Änderungen im Bauablauf sowie Veränderungen der Produktivität. Diese Ergebnisse verdeutlichen, dass verspätete Planlieferungen erhebliche Konsequenzen auf den Baufortschritt und die Effizienz der Arbeitsprozesse haben können.

Nur etwa die Hälfte der Proband*innen ist der Ansicht, dass der Verlust von Einarbeitungseffekten eine relevante Auswirkung verspäteter Planlieferungen darstellt. Darüber hinaus nannten einige der befragten Personen kurze Dispositionszeiten und Mehrkosten durch Expressbestellungen als weitere bedeutende Folgen von nicht rechtzeitig gelieferten Plänen

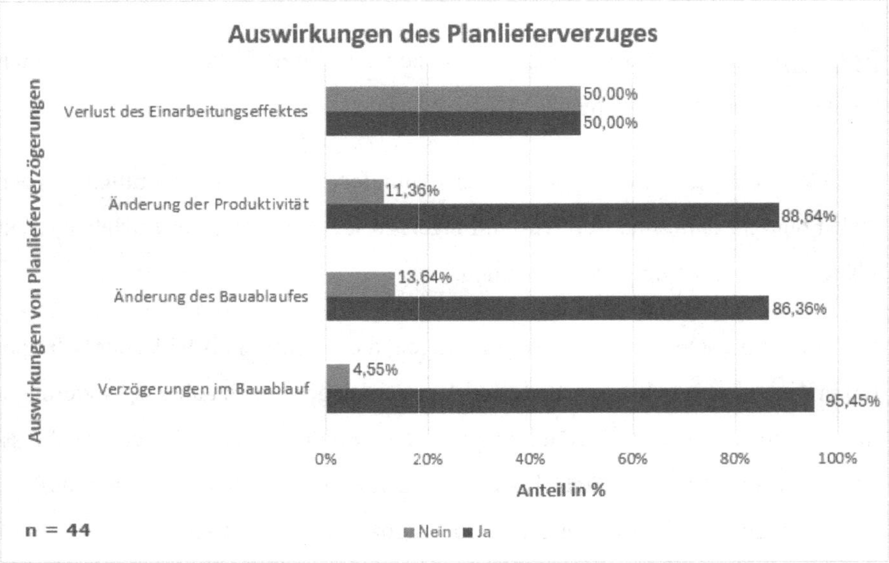

Abb. 6.28: Auswirkungen von Planlieferverzögerungen, Quelle: [eigene Darstellung]

Frage 34: Welche Auswirkungen haben aus Ihrer Sicht BIM- bzw. Lean-Methoden auf die Qualität der erstellten Pläne?

Diese Frage soll einen vertieften Einblick in die Auswirkungen digitaler Methoden wie BIM und Lean auf die Planqualität bieten und erkunden, wie viele der befragten Expert*innen bereits Erfahrungen damit gemacht haben.

Die Ergebnisse zeigen, dass ein erheblicher Teil der Teilnehmer*innen den Nutzen von BIM und Lean als gering einschätzt, da die Mehrheit angegeben haben, dass diese Methoden keine signifikante Auswirkung auf die Planqualität haben. Etwa 60 % sind der Meinung, dass verbesserte Kommunikation und Zusammenarbeit nicht durch BIM und Lean erreicht werden. Zudem haben etwa 64 % der Expert*innen angegeben, dass durch diese Methoden keine frühere Erkennung von Mängeln möglich ist. Etwa 55 % der Teilnehmer*innen sehen keine Reduzierung von Fehlern in der Planung durch den Einsatz von BIM und Lean. Nur etwa die Hälfte der befragten Personen glauben, dass diese modernen Methoden die Arbeitsabläufe optimieren können. Etwa 16 % haben unter "Sonstiges" kommentiert, dass sie bisher keine Erfahrungen mit BIM und Lean Methoden gesammelt haben

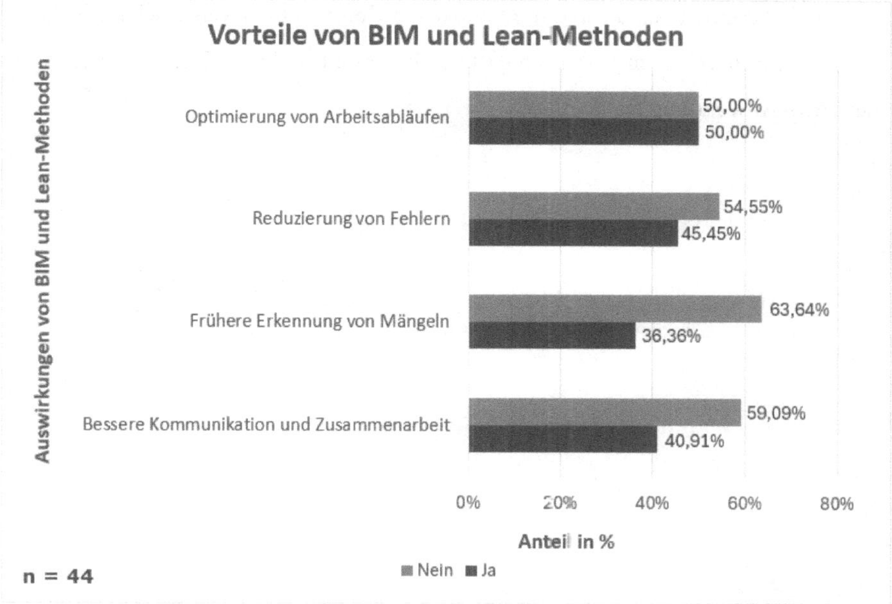

Abb. 6.29: Auswirkungen von BIM und Lean Methoden auf die Qualität der Pläne, Quelle: [eigene Darstellung]

Frage 35: Welche Herausforderungen ergeben sich aus der Verwendung von BIM für die Planlieferung in Bauprojekten?

Diese Frage zielt darauf ab, die Herausforderungen zu ermitteln, die aus der Verwendung von Building Information Modeling (BIM) für die Planlieferung in Bauprojekten entstehen.

Etwa 68 % der befragten Expert*innen sind der Meinung, dass das mangelnde Know-how der BIM-Anwender*innen eine wesentliche Herausforderung bei der Anwendung von BIM darstellt. Zudem haben etwa 55 % angegeben, dass die Komplexität der BIM-Anwendung und die damit verbundenen Programmkosten weitere Herausforderungen sind. Mangelnde Software und Tools wurden von 45 % der Befragt*innen als Problem identifiziert. Interessanterweise sehen 91 % der befragten Expert*innen Datenschutz und Sicherheit nicht als Herausforderung bei der BIM-Anwendung an.

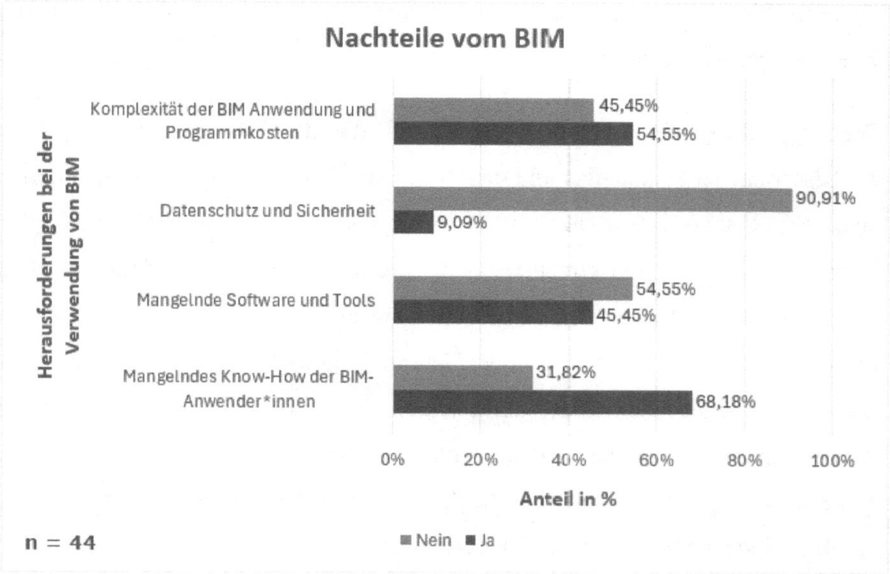

Abb. 6.30: Herausforderungen der Verwendung von BIM, Quelle: [eigene Darstellung]

6.2.5 Abschlussfragen

In diesem Abschnitt werden allgemeine Fragen in qualitativer Form gestellt, die es den befragten Expert*innen ermöglichen, ihre Meinungen und Ideen frei zu formulieren. Dies soll einen tieferen Einblick in ihre individuellen Perspektiven und Erfahrungen ermöglichen.

Frage 36: Welche innovativen Ansätze oder bewährten Verfahren kennen Sie, um die Planqualität und -lieferung zu verbessern, insbesondere im Kontext der Digitalisierung im Bauwesen?

An dieser Frage haben 21 Expert*innen teilgenommen. Die Antworten wurden in zwei Kategorien unterteilt:

Die erste Kategorie umfasst Expert*innen, die der Meinung sind, dass zur Verbesserung der Planqualität und -lieferung keine innovativen Ansätze erforderlich sind. Sie betonen, dass es notwendig ist, die Planvorlauffristen vertraglich festzulegen, der AG muss rechtzeitig die erforderlichen Entscheidungen treffen, sodass die Planer*innen ihre Arbeit ordnungsgemäß und fristgerecht erledigen können. Weiterhin sollte eine ständige Überprüfung der Pläne erfolgen. Besonderes Augenmerk legen die Expert*innen dieser Kategorie auf die kontinuierliche Kommunikation zwischen Planer*innen, ausführenden Firmen und den Auftraggeber*innen. Sie vertreten die Ansicht, dass diese Problematik nicht allein durch Digitalisierung gelöst werden kann.

In der zweiten Kategorie vertreten die befragten Expert*innen die Meinung, dass die Digitalisierung und der Einsatz innovativer Technologien wie Building Information Modeling (BIM) entscheidend zur Verbesserung der Planqualität und -lieferung beitragen können. Sie befürworten die Verwendung von Plattformen für die Planlieferung mit entsprechenden Freigabeprozessen und die Nutzung von 3D-Modellen, die Kollisionen frühzeitig aufzeigen können. Zudem wurden digitale Werkzeuge wie 3D-Modellierungssoftware, Drohnen und 3D-Scanner von den befragten Personen als nützliche Hilfsmittel genannt, um die Planqualität und -lieferung zu verbessern.

Anmerkung: Es kann angenommen werden, dass die 23 befragten Expert*innen, die diese Frage unbeantwortet ließen, möglicherweise keine innovativen Ansätze kennen oder keine Erfahrungen mit modernen Modellen gemacht haben.

Tab. 6.5: Auswertungen der Kategorien, Quelle: [eigene Darstellung]

Kategorien	Proband*innen	Anteil in %
Kategorie 1	14	31,82%
Kategorie 2	7	15,91%
Kein Antwort	23	52,27%

Die obige Tabelle zeigt, dass etwa 84 % der befragten Proband*innen in ihren Projekten bisher nicht mit innovativen Modellen, insbesondere im Bereich der Digitalisierung, gearbeitet haben.

Frage 37: Was sind Ihre Ideen zur Verbesserung der Planqualität und zur Vermeidung von Planlieferverzögerungen?

Mit dieser Frage sollten die frei formulierten Ideen der befragten Expert*innen zur Verbesserung der Planqualität und zur Vermeidung von Planlieferverzögerungen gesammelt werden. Insgesamt haben 25 Expert*innen an dieser Frage teilgenommen. Ihre Antworten lassen sich in verschiedene Kategorien einteilen:

Kategorie 1: In der ersten Kategorie äußern die Expert*innen die Meinung, dass häufig eine schlechte Planqualität und verzögerte Planlieferungen auf die Planer*innen zurückzuführen sind. Sie argumentieren, dass Planer*innen oft mehrere Aufträge gleichzeitig bearbeiten, wodurch sie nicht ausreichend Zeit für jedes Projekt aufwenden können, was wiederum die Qualität der Pläne mindert und zu Lieferverzögerungen führt. Zudem sind die Expert*innen dieser Kategorie der Ansicht, dass Planer*innen die Pläne in Papierform, gefaltet und abgestempelt auf der Baustelle liefern sollten, um so die Lieferung fehlerfreier Pläne zu gewährleisten. Sie betonen die Notwendigkeit einer zeitgerechten Kommunikation zwischen den planenden Personen und den Fachplaner*innen und empfehlen, dass AG neben dem Preis auch die Qualität des Planungsbüros berücksichtigen sollten.

Kategorie 2: In der zweiten Kategorie sind die Expert*innen der Ansicht, dass häufig der AG für schlechte Planqualität und verzögerte Planlieferungen verantwortlich ist. Sie vertreten die Meinung, dass der AG klare Pönalen und feste Planliefertermine für die Planer*innen festlegen sollte. Des Weiteren sollten zwischen Vertragsabschluss und Baubeginn ausreichend Zeit für die Planung eingeräumt werden, um den Planer*innen genügend Zeit zur Ausarbeitung zu gewähren. Entscheidungen sollten rechtzeitig getroffen und die ausführende Firma frühzeitig eingebunden werden. Zudem plädieren sie gegen eine baubegleitende Planung; stattdessen sollte die Planung bereits vor dem Beginn der Ausführung abgeschlossen sein. Regelmäßig koordinierte Besprechungen und die Vereinbarung von ausreichenden Planvorlauffristen sind ebenfalls wesentliche Punkte, die nach ihrer Meinung berücksichtigt werden müssen.

Frage 38: Halten Sie es für sinnvoll, einen Leitfaden oder klare Vorgaben zur Planqualität und -lieferung für Vertragspartner*innen zu entwickeln? Wenn ja, welche Punkte oder Kriterien sollten Ihrer Meinung nach in einem solchen Leitfaden enthalten sein? Wenn nein, warum nicht?

Die abschließende Frage 38 soll ermitteln, ob Baufachleute Leitfaden oder klare Vorgaben benötigen, um die Planqualität und -lieferung zu optimieren. Im weiteren Verlauf dieser Frage wurden die befragten Personen gebeten, ihre Meinung zu äußern, ob die Entwicklung solcher Leitfaden sinnvoll wäre und welche Punkte oder Kriterien ein solcher Leitfaden enthalten sollte. Die Befragten hatten die Möglichkeit, ihre Vorschläge und Ideen frei zu formulieren. Die folgende Abbildung zeigt, dass etwa 70 % der befragten Expert*innen in der Meinung sind, dafür sind solche Leitfaden zu entwickeln und die restlichen 30 % sind dagegen.

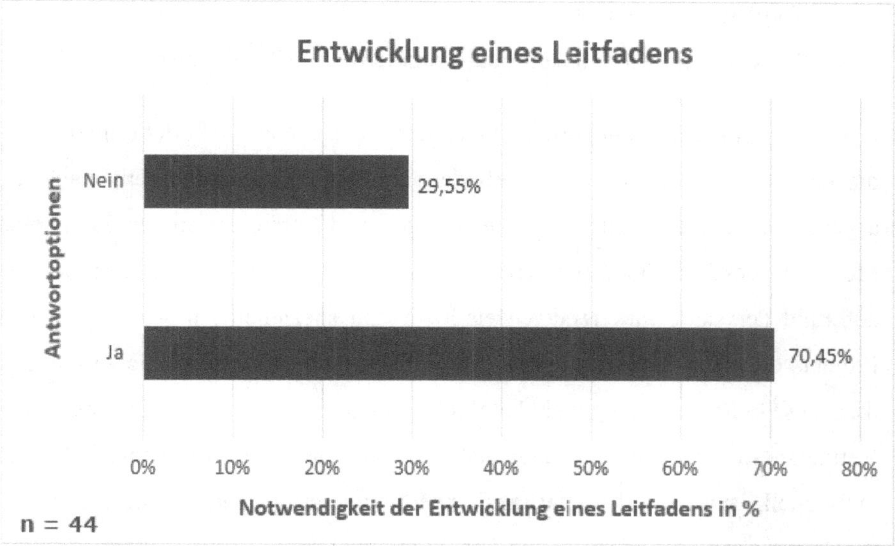

Abb. 6.31: Entwicklung eines Leitfadens für Vertragspartner*innen zur Planqualität und -lieferung, Quelle: [eigene Darstellung]

Hier wird in der Auswertung wiederum in zwei Kategorien unterschieden:

<u>Kategorie 1:</u> Die 70 % der Expert*innen, die sich für die Entwicklung eines Leitfadens aussprechen, halten diesen für sehr wertvoll und meinen, dass Planungsbüros bestimmte Standards entwickeln sollten, die auch überprüft werden. Ein solcher Leitfaden sollte verbindlich als Vertragsbestandteil aufgenommen werden. Empfohlene Punkte für einen solchen Leitfaden umfassen:

- Rollen und Verantwortlichkeiten
- Planqualität und Detailgrad
- Zeitpläne und Fristen
- Definition der Kommunikationswege

- Vorgaben zu Schnittstellen
- Festlegungen, was bis zum Baubeginn fertiggestellt sein muss

Kategorie 2: In dieser Kategorie befinden sich die restlichen 30 % der Expert*innen, die gegen die Entwicklung eines Leitfadens zur Planqualität und -lieferung sind. Sie argumentieren, dass bereits ausreichend Regeln und Normen existieren. Sie sind der Meinung, dass solche Leitfäden, obwohl sie allgemein geschrieben werden, aufgrund der stark variierenden Detailtiefe und speziellen Anforderungen jedes Projekts oft nicht praktikabel sind. Einige Expert*innen vertreten die Auffassung, dass diese Leitfäden häufig nicht befolgt werden und es sinnvoller wäre, spezifische Vertragsbestimmungen zur Planqualität und -lieferung zu entwickeln, die individuell zwischen den Vertragspartner*innen ausgehandelt werden. Zudem wurde vorgeschlagen, dass solche Leitfäden entwickelt werden sollten, allerdings spezifisch durch Auftraggeber*innen wie ASFINAG, den Bund oder die ÖBB.

6.3 Gegenüberstellung von Theorie und Praxis

In diesem Abschnitt werden die Erkenntnisse aus der Literaturrecherche mit den Ergebnissen aus der Praxis, wie sie durch die Expert*innenumfrage in Kapitel 6.2 erhoben wurden, gegenübergestellt. Ziel dieser Analyse ist es, die Kluft zwischen Theorie und Praxis im Hinblick auf die Planqualität sowie -lieferung sowie den Einfluss von Vertrags- und Projektabwicklungsmodelle zu evaluieren. Dabei sollen mögliche Lücken oder Übereinstimmungen zwischen den theoretischen Annahmen und den realen Erfahrungen der Expert*innen aufgezeigt werden. Dieser Vergleich bietet wertvolle Einblicke in die Praxis und hilft, Herausforderungen sowie Potenziale für zukünftige Entwicklungen zu identifizieren. Die folgenden Abschnitte konzentrieren sich auf die wesentlichen Aspekte, in denen Theorie und

Praxis aufeinandertreffen, und analysieren deren Übereinstimmungen und Abweichungen.

6.3.1 Einfluss der Vertragsmodelle auf die Planqualität und -lieferung

Laut Literatur wird bei Einheitspreisverträgen (vgl. Kapitel 3.2.1) und Detailpauschalpreisverträgen (vgl. Kapitel 3.2.2) in der Regel eine hohe Planqualität erreicht, da die Grundlage eine detaillierte, konstruktive Leistungsbeschreibung mit präzisen Plänen bildet. Auftragnehmer*innen haben jedoch als ausführende Firma weniger Einfluss auf die Planqualität. Durch die detaillierte Beschreibung der Positionen im Leistungsverzeichnis können die Vertragspartner*innen flexibler auf spezifische Anforderungen reagieren.

Beim Globalpauschalpreisvertrag (vgl. Kapitel 3.2.2), bei dem die Leistungen pauschaliert werden, hat der AG einen geringeren Einfluss auf die Planung und Ausführung, während der AN vollen Einfluss behält. Der AN trägt das Risiko der Vollständigkeit und eventueller Mehrmengen. Aus diesem Grund sind die Qualität und Flexibilität der Planung eingeschränkt.

Bei Regiepreisverträgen wird laut Literatur, *„[...] In diesem Fall ist der Auftragnehmer für die Planung und Ausführung zuständig, trägt jedoch kein Risiko*“ (vgl Kapitel 3.2.3), die Planung und Ausführung kooperativer durchgeführt, was die Qualität und Flexibilität der Planung sowie der Ausführung deutlich erhöht.

Mit den Fragen 8 und 9 wurden diese Aussagen laut Literatur mittels der Praxiserfahrung der Expert*innen verglichen. Die folgende Tabelle stellt die Auswertungen dar:

Tab. 6.6: Qualität und Flexibilität der Pläne bei verschiedenen Vertragsarten, Quelle: [eigene Darstellung]

	Qualität			
	Einheitspreisvertrag	Detailpauschalpreisvertrag	Globalpauschalpreisvertrag	Regiepreisvertrag
1	4,55%	2,50%	2,50%	2,38%
2	31,82%	20,00%	12,50%	23,81%
3	47,73%	52,50%	42,50%	38,10%
4	9,09%	20,00%	35,00%	30,95%
5	6,82%	5,00%	7,50%	4,76%
	Flexibilität			
	Einheitspreisvertrag	Detailpauschalpreisvertrag	Globalpauschalpreisvertrag	Regiepreisvertrag
1	11,36%	5,13%	5,26%	28,21%
2	47,73%	17,95%	7,89%	28,21%
3	27,27%	41,03%	26,32%	20,51%
4	13,64%	33,33%	47,37%	20,51%
5	0,00%	2,56%	13,16%	2,56%

Die obige Tabelle veranschaulicht deutlich, dass die Qualität und Flexibilität bei Einheitspreisverträgen und Detailpauschalpreisverträgen mittelmäßig zufriedenstellend sind, während sie bei Globalpauschalpreisverträgen tendenziell schlechter bewertet werden. Beim Regiepreisvertrag wird aufgrund der kooperativen Arbeitsweise eine hohe Flexibilität in der Planung gewährleistet.

Bezüglich modernen Projektabwicklungsmodellen geht aus der durchgeführten Literaturrecherche hervor, dass nur begrenzt Literatur vorhanden ist und diese Modelle in der Praxis nur selten angewendet werden:

„Die klassischen Vertrags- und Projektabwicklungsmodelle gehören zu den am häufigsten verwendeten Modellen im österreichischen Bauwesen. Im Gegensatz dazu werden moderne bzw. alternative Modelle in Österreich bisher nur selten eingesetzt, außer bei einigen sehr großen Projekten. Daher gibt es nur begrenzte Literatur, die eine vertiefte Untersuchung aller Aspekte, insbesondere der

Planqualität und -lieferung, sowie einen Vergleich mit den klassischen Methoden ermöglicht (vgl. Kapitel 3.5)."

Die Umfrage der Expert*innen ergab (vgl. Tab. 6.2), dass lediglich etwa 22 % der befragten Personen in der Praxis Erfahrungen mit modernen Vertragsmodellen in ihren bisherigen Projekten in Österreich gesammelt haben. Die (vgl. Tab. 6.5) stellt auch klar dar, dass nur etwa 16 % der befragten Expert*innen in ihren Projekten bisher mit innovativen Modellen, insbesondere im Bereich der Digitalisierung, gearbeitet haben. Diese Erkenntnisse verdeutlichen die begrenzte Anwendung dieser innovativen Vertragsansätze im österreichischen Bauwesen und weist auf ein potentielles Entwicklungsfeld in der Branche hin.

6.3.2 Einfluss digitaler Projektabwicklungsmodelle auf Planqualität und -lieferung

Die Literatur bietet umfassende Einblicke in die Vor- und Nachteile von Building Information Modeling (BIM) (vgl. Tab. 4.1) und den Methoden der Lean Construction (vgl. Tab. 4.2). Diese theoretischen Erkenntnisse bilden die Grundlage für die folgende Befragung, die darauf abzielt, die Meinungen und Erfahrungen von Expert*innen aus der Praxis zu diesen Konzepten zu ermitteln.

Die Auswertung der Umfrage zeigt jedoch, dass zwischen 50 % und 60 % der befragten Expert*innen skeptisch gegenüber den behaupteten positiven Auswirkungen von BIM und Lean Construction auf die Planlieferung in Bauprojekten sind. Zu den genannten Vorteilen, denen kritisch gegenübergestanden wird, zählen:

- Verbesserte Kommunikation und Zusammenarbeit
- Frühere Erkennung von Mängeln

- Reduzierung von Fehlern
- Optimierung von Arbeitsabläufen

Eine detaillierte Übersicht über die Ergebnisse dieser Gegenüberstellung findet sich in der nachstehenden Tabelle, welche die Antworten auf die Fragen 11, 34 und 35 zusammenfasst.

Tab. 6.7: Zusammenfassung der Ergebnisse der Fragen 11, 34 und 35, Quelle: [eigene Darstellung]

	Anwendung	Fehlende Praxis
Innovative Vertragsmodelle	22,00%	78,00%
Innovative Ansätze im kontext der Digitalisierung	16,00%	84,00%
Auswirkungen von BIM und Lean	45,00%	55,00%

Ein interessanter Zusammenhang wird deutlich: Die Expert*innen, die den potenziellen Vorteilen von BIM und Lean Construction skeptisch gegenüberstehen, verfügen mehrheitlich über keine oder nur geringe Erfahrung mit innovativen Vertragsmodellen. Etwa 80 % dieser befragten Personen haben keine praktische Erfahrung mit solchen Modellen gesammelt, und rund 84 % geben an, wenig bis gar nicht mit innovativen Verfahren im Kontext der Digitalisierung vertraut zu sein.

Diese Gegenüberstellung zeigt eine klare Diskrepanz zwischen Theorie und Praxis: Während die Literatur die Vorteile von BIM und Lean Construction hervorhebt, zeigt die Praxis, dass viele Expert*innen diesen positiven Auswirkungen skeptisch gegenüberstehen, insbesondere wenn sie selbst keine Erfahrungen mit modernen und digitalen Ansätzen gemacht haben. Dies deutet darauf hin, dass eine stärkere Verbreitung und Anwendung dieser innovativen Methoden möglicherweise dazu beitragen könnten, das Bewusstsein für ihre Vorteile zu schärfen und die Akzeptanz in der Branche zu erhöhen.

6.3.3 Vergleich der Vorlauffristen: Literatur zur Praxis

In diesem Unterkapitel erfolgt eine detaillierte Gegenüberstellung der Vorlauffristen, wie sie in der Literatur nach Kropik (vgl Kapitel 3.1) definiert sind, und den Vorlauffristen, die auf praktischen Erfahrungen basieren. Die Grundlage für diese Analyse bildet die Frage 27 der Expert*innenumfrage.

Tab. 6.8: Gegenüberstellung der Vorlauffristen nach Literatur und Erfahrung, Quelle: [eigene Darstellung]

Planungsart	Nach Kropik	Nach Erfahrung
Allgemeiner Ausführungsplan:	4 bis 6	3 bis 6 Wo.
Einfacher Schalungsplan:	1 bis 2 Wo.	1 bis 3 Wo.
Schwieriger Schalungsplan:	3 bis 6 Wo.	2 bis 8 Wo.
Schwierige Schalung als Einzelanfertigung:	6 Wo. u. mehr	2 bis 8 Wo.
Details für Aussparungen:	1 bis 3 Wo.	1 bis 3 Wo.
Bewehrungsplan:	2 bis 4 Wo.	1 bis 5 Wo.

Aus der obigen Tabelle geht deutlich hervor, dass die Planlauffristen laut Literatur und Praxiserfahrung nur geringfügige Abweichungen aufweisen. Diese Unterschiede sind auf eine Vielzahl von Faktoren zurückzuführen, die in der Praxis variieren können, einschließlich der Größe des Projekts, des Schwierigkeitsgrads, der Komplexität und weiterer Umstände. Die enge Übereinstimmung deutet darauf hin, dass die bestehenden literarischen Ansätze weitgehend valide und anwendbar sind. Die geringfügigen Unterschiede unterstreichen jedoch die Notwendigkeit, flexible Ansätze zu entwickeln, die auf die spezifischen Anforderungen und Bedingungen einzelner Projekte wie z. B. Unterteilungen in die jeweiligen Sparten eingehen.

7 Zusammenfassung und Ausblick

Diese Arbeit befasste sich eingehend mit den rechtlichen und normativen Regelungen von Bauverträgen im österreichischen Bauwesen, mit Schwerpunkt auf die Planqualität und -lieferung. Es wurden sowohl klassische Vertragstypen wie Einheitspreis-, Detail- und Pauschal- bzw. Globalpauschalpreisverträge als auch moderne Methoden wie Lean Construction und Building Information Modeling (BIM) untersucht. Ziel war es, die theoretischen Annahmen mit den praktischen Erfahrungen der befragten Expert*innen zu vergleichen und die bestehenden Herausforderungen sowie Verbesserungsmöglichkeiten im Hinblick auf die Planqualität und termingerechten Planlieferung zu identifizieren.

Die durchgeführte Expert*innenumfrage lieferte wertvolle Einblicke in die praktische Umsetzung der Annahmen in der Literatur. Die Mehrheit der befragten Expert*innen gab an, dass die gängigen Vertragsmodelle, insbesondere Einheitspreis- und Detailpauschalpreisverträge, eine ausreichende Planqualität sichern. Allerdings zeigte die Auswertung auch deutliche Schwächen auf: Verzögerungen bei der Planlieferung sowie unzureichende Planqualität wurden von den meisten befragten Personen als häufiges Problem genannt, das den Baufortschritt bzw. den Erfolg des Projektes erheblich beeinträchtigt. Dabei wurde klar, dass viele der befragten Expert*innen den Herausforderungen rund um die Planqualität und -lieferung eher passiv als aktiv begegnen. Beispielsweise werden Planlieferverzögerungen zwar größtenteils dokumentiert, jedoch die genauen Auswirkungen auf den Bauablauf nicht und somit wird die Nachweisbarkeit bzw. Berechnung von Mehrkosten aufgrund mangelnder Planqualität oder -lieferung schwierig. Auch die anhaltende Kritik der Auftragnehmer*innen an der Planqualität wirft Fragen auf, besonders angesichts der insgesamt noch geringen Akzeptanz und

Nutzung moderner Methoden wie BIM und Lean Construction in der Praxis. Obwohl die theoretische Literatur klare Vorteile aufzeigt, stehen viele Expert*innen diesen Methoden eher skeptisch gegenüber. Die Umfrageergebnisse verdeutlichen, dass über die Hälfte der befragten Personen keine positiven Auswirkungen von BIM und Lean Construction auf die Planqualität erkennen. Diese Kritik ergibts sich teils aus mangelndem Know-how, teils aus der Unklarheit darüber, wie diese Methoden in bestehende Prozesse sinnvoll integriert werden können. Besonders problematisch erscheint dabei die Tatsache, dass viele öffentliche Ausschreibungen solch innovativen Methoden nicht umfassend berücksichtigen. Dies erschwert die frühzeitige Einbindung aller Projektbeteiligten und mindert die Nutzung von kooperativen Vertragsmodellen.

Die Ergebnisse dieser Arbeit zeigen einen Nachholbedarf in Bezug auf die vermehrte Akzeptanz und Anwendung moderner Methoden wie BIM und Lean Construction. Jedoch könnte die Anpassung des Bundesvergabegesetzes und anderer regulatorischer Vorgaben dabei unterstützen, die Anwendung von kooperative Projektabwicklungsmodelle und die innovativen Technologien zu erleichtern. Zudem deutet die Expert*innenumfrage darauf hin, dass ein Großteil der Skepsis gegenüber diesen Methoden auf fehlendes Wissen und unzureichende Erfahrung zurückzuführen ist. Die Ergebnisse legen nahe, dass Schulungen und Trainingsprogramme für die beteiligten Parteien einen wichtigen Beitrag zur Optimierung der Planqualität und -lieferung leisten könnten.

Im Rahmen dieser Masterarbeit wurde ebenso festgestellt, dass die Planqualität in den letzten zwei Jahren signifikant abgenommen hat. Etwa 64 % der befragten Expert*innen haben dies in der Umfrage angegeben. Mehr als die Hälfte (etwa 55 %) der Expert*innen sind nur mäßig mit der Qualität der Ausschreibungspläne zufrieden, wobei ein bedeutender Anteil diese lediglich als genügend bewertet. Interessanterweise finden nur etwa 4,5 Prozent der befragten Personen die Ausschreibungspläne sehr gut. Im Vergleich dazu wird die Qualität der Ausführungspläne von den Expert*innen etwas besser eingeschätzt, dennoch sind nur etwa 65 % mäßig zufrieden und lediglich 4,5 % bewerten sie als sehr gut. Zusätzlich dazu haben etwa die Hälfte der befragten Personen angegeben, dass sie oft normgemäße Ausführungspläne erhalten, während ein wesentlicher Teil von etwa 30 % diese nur manchmal und 10 % selten bekommen. Diese Ergebnisse zeigen, dass die Situation der Planqualität im österreichischen Bauwesen keineswegs optimal ist. Die mangelhafte Qualität der gelieferten Pläne ist einer der Hauptgründe für Planlieferverzögerungen, die zu Störungen im Bauablauf führen.

Ein weiterer wichtiger Punkt, der künftig stärker beleuchtet werden sollte, ist die Frage, inwieweit die theoretischen Empfehlungen zur Verbesserung der Planqualität und -lieferung tatsächlich in der Praxis umsetzbar sind. Die Untersuchung zeigte zwar eine grundsätzliche Übereinstimmung zwischen Theorie und Praxis, vor allem bezüglich Vorlauffristen von Plänen, doch es bleibt offen, ob die empfohlenen Maßnahmen bezüglich Dokumentation oder Festlegungen zur Planqualität in den oft starren und bürokratischen Prozessen der Bauwirtschaft tatsächlich nachhaltig umgesetzt werden können. Beispielsweise die Dokumentation von Ursachen bzw. Auswirkungen von mangelnder Planqualität und verspäteter Planlieferung. Hier sollte vermehrt an praxisorientierte Lösungen gearbeitet werden, die in der realen Baupraxis anwendbar und schnell umsetzbar sind. Auch die Frage, ob ein verbindlicher Leitfaden zur Sicherstellung der Planqualität und -lieferung in Ausschreibungsprozessen sinnvoll wäre, bietet weiteres Potenzial für vertiefte Untersuchungen. Während 70 % der befragten Expert*innen die Entwicklung eines solchen Leitfadens als nützlich erachteten, äußerten sich andere skeptisch hinsichtlich der praktischen Anwendbarkeit. Zukünftige Untersuchungen könnten sich daher darauf konzentrieren, wie ein solcher Leitfaden strukturiert sein müsste, um flexibel genug für verschiedene Projekttypen zu sein und gleichzeitig klare Vorgaben zur Planqualität und -lieferung festzulegen. Zudem wünschten sich 30 % der befragten Personen vereinbarten Pönalen für Planer*innen im Hinblick auf verspätete Planlieferungen oder mangelhafte Planqualität. Andererseits sind nahezu alle befragten Expert*innen der Meinung, dass zur Steigerung der Planqualität Vertragsbestimmungen hinsichtlich der Planung wünschenswert sind und folgende Kriterien unbedingt enthalten sein sollten:

- vertraglich festgelegte Planvorlauffristen,
- Vertragsstrafen für verspätete oder mangelhafte Planlieferungen,
- Sicherstellung termingerechter Planunterlagen in entsprechender Qualität,
- einen auf den Bauzeitplan abgestimmten Planlieferterminplan bzw. eine Planlieferliste,
- klare Regelungen zur Planqualität und -lieferung als fester Bestandteil der Vertragsbestimmungen
- Definition der erforderlichen Personalressourcen und
- die Bevorzugung von Vergabeverfahren, die auf dem Bestbieterprinzip basieren.

Abschließend lässt sich sagen, dass trotz einiger Übereinstimmungen zwischen Theorie und Praxis deutliche Nachholbedarf in der praktischen Umsetzung moderner Methoden sowie alternativer Vertragsmodelle bestehen. Diese Masterarbeit hat den Status quo der Planqualität und -lieferung in Österreich aufgezeigt und bietet eine Grundlage für weiterführende Untersuchungen, die sich verstärkt auf die Umsetzung und Verbesserung von Methoden zur Sicherung einer hohen Planqualität konzentrieren sollte.

Abbildungsverzeichnis

Tabellenverzeichnis

Literaturverzeichnis

[Gmoser]	Gmoser, M.: Planlieferverzug im Blickwinkel von Planqualität und Planlieferung, in: Festschrift zum 60. Geburtstag von Univ.-Prof. Dipl.-Ing. Dr. Andreas Kropik , 2018
[Müller]	Müller, K.; Goger, G.: Der gestörte Bauablauf – Praxisleitfaden zur Ermittlung von Mehrkosten und Bauzeitverlängerung, 2016
[SurveyMonkey]	Qualitative und quantitative Forschung im Vergleich, https://de.surveymonkey.com/mp/quantitative-vs-qualitative-research/, [Zugriff am: 26.07.2024]
[ÖNORM B 2110]	Austrian Standards: ÖNORM B 2110, Allgemeine Vertragsbestimmungen für Bauleistungen - Werkvertragsnorm, Wien, 2023
[ÖNOEM B 2118]	Austrian Standards: ÖNORM B 2118, Allgemeine Vertragsbestimmungen für Bauleistungen unter Anwendung des Partnerschaftsmodells, insbesondere bei Großprojekten - Werkvertragsnorm, Wien, 2023
[Gmoser]	Gmoser, M.: Bauwirtschaftslehre 1, Fachhochschule Kärnten, 2023
[Allram]	Allram, M.: Ausgewählte Bereiche des Bauvertragsrechts unter besonderer Berücksichtigung der ÖNORM B 2110 – Ausgewählte Bereiche des Bauvertragsrechts unter besonderer Berücksichtigung der ÖNORM B 2110, [Masterarbeit], TU Graz, 2021
[Kullack]	Kullack, A.: Die funktionale Leistungsbeschreibung, 2012

[Paulitsch] Paulitsch, S.: Baubetriebswirtschaftslehre – Abrechnung / Bauvertrag, FH Kärnten, 2020

[ÖNORM A 2063] Austrian Standards: ÖNORM A 2063, Austausch von Daten in elektronischer Form für die Phasen Ausschreibung, Vergabe und Abrechnung (AVA), Wien, 2021

[Kühbacher] Kühbacher, C.: Claim Management – Phasen des Claim Managemenr - Die Ausschreibungs- und Angebotsphase, FH Kärnten, 2023

[Mathoi] Mathoi, T.: Neue Bauvertragsmodelle – Neue Projektabwicklungs- und Bauvertragsmodelle, 2008, https://www.stempkowski.at/wp-content/uploads/2015/05/NWB_10_008_003.pdf., [Zugriff am: 26.06.2024]

[Müller] Müller, K.; Stempkoeski, R. (Hrsg.): Handbuch Claim-Management – Rechtliche und bauwirtschaftliche Lösungssätze zur Abwicklung von Bauprojekten für Auftraggeber und Auftragnehmer, 2015

[a3bau.at] Baurecht: Die Vertragsstrafe im Bauvertrag laut § 1336 ABGB, 2020, https://a3bau.at/die-vertragsstrafe-im-bauvertrag-laut-ss-1336-abgb., [Zugriff am 22.06.2024]

[BVerG] Bundesgesetz über die Vergabe von Aufträgen (Bundesvergabegesetz 2018), 2023

[OGH] OGH 1 OB 576/76; OGH 6 OB 551/82 [Oberster Gerichtshof 07.04.1976; 10.03.1982 – OGH 1 OB 576/76], 7. April 1976; 10. März 1982

[ÖNORM B 1801-1] Astrian Standarts: ÖNORM B 1801-1, Bauprojekt- und Objektmanagement - Teil 1: Objekterrichtung, 2022

[Kochendörfer] Kochendörfer, B.; H. Liebchen, J.; G. Viering, M.: Bau-Projekt-Management – Grundlagen und Vorgehensweisen, Berlin, 2010

[ÖNORM A 6240] Austrian Standards: ÖNORM A 6240, Technische Zeichnungen für das Bauwesen, Wien, 2018

[Kropik] Kropik, A.: Bauvertrags- und Nachtragsmanagement, 2014

[Schopf] Schopf, A.; Karasek, G. (Hrsg.): 77 Musterbriefe für die Bauwirtschaft – Mit einem Grundriss des Bauvertragsrechtes für Praktiker, 2009

[Karasek] Karasek, G.: Baurecht – Kooperative Bauabwicklung in der Praxis, 2018, https://a3bau.at/kooperative-bauabwicklung-der-praxis., [Zugriff am 02.07.2024]

[Greiner] Greiner, P.; Eduard-Mayer, P.; Stark, K.: Baubetriebslehre - Projektmanagement – Erfolgreiche Steuerung von Bauprojekten, 2009

[real-group] Design & Build - Maximale Effizienz für Bauprojekte – Verfahren erobert die Bauwirtschaft, 2022, https://www.real-group.com/2022/01/25/design-build-maximale-effizienz-fuer-bauprojekte-verfahren-erobert-die-bauwirtschaft/., [Zugriff am: 16.07.2024]

[Deutschmann] Deutschmann, D.: Allianzverträge – Aus Sicht des Rechtsexperten und des Wissenschaftlers, Universität Innsbruck, 2023

[Allison] Allison, M.; Ashcraft, H.; Cheng, R.: Integrierte Projektabwicklung – Ein Leitfaden für Führungskräfte. Deutsche Übersetzung, 2017

[Neubauer] Neubauer, C.: Lean und BIM: die Transformation der Bauindustrie, 2019, https://solidbau.at/fokus/lean-und-bim-die-transformation-der-bauindustrie/ [Zugriff am: 18.07.2024]

[Schwarz] Schwarz, J.; Wittenbrink, P.: Prozessmodell zur Optimierung des Rohrvortriebs mit Lean Construction Methoden, in: FESTSCHRIFT zum 60. Geburtstag von Univ.Prof.Dipl.-Ing. Dr. Andreas Kropik –(2018), S. 407-422

[P. Womack] P. Womack, Jones; Roos, Daniel; T. Jones, DanielThe Machine that Changed the World, 1990

[P. Womack] P. Womack, J.; T. Jones, D.: Lean Thinking – Ballast abwerfen, Unternehmensgewinne steigern, 2013

[Wieser] Wieser, H.: Lean Management im Bauwesen – Grundlagen und Vergleich zur traditionellen Arbeitsvorbereitung, [Masterarbeit], TU Graz, 2010

[Berner] Berner, F.; Kochendörfer, B.; Schach, R.: Grundlagen der Baubetriebslehre 2 – Baubetriebsplanung, Wiesbaden, 2013

[Thomsen] Thomsen, C.; Darrington, J.; Dunne, D.: Managing Integrated Projekt Delivery – Organization, Operating system and Commercial Terms, 2010

[Heidemann] Heidemann, A.: Kooperative Projektabwicklung im Bauwesen unter der Berücksichtigung von Lean-Prinzipien – Entwicklung eines Lean-Projektabwicklungssystems, 2011

[LeanConstruction] Lean-Construction-Institut.org: Lean Projekt delivery – An Introduction to Lean Project Delivery, https://leanconstruction.org/lean-topics/lean-project-delivery/., [Zugriff am: 17.07.2024]

[ISO 19650-1] ISO 19650-1: Organization and digitization of information about buildings and civil engineering works, including building information modelling (BIM) — Information management using building information modelling, 2018

[Eichler] Eichler, C.; Schranz, C.; Krischmann, T.: BIMcert Handbuch – Grundlagenwissen openBIM, 2023

[Hausknecht] Hausknecht, K.; Liebich, T.: BIM-Kompendium – Building Information Modeling als neue Planungsmethode, 2016

[Zarinfar] Zarinfar, T.: Bauprojektmanagement MK-2, Digitalizierung und BIM, in: Sommersemester, FH Kärnten, 2023

[Stoerzel] Stoerzel, J.: BIM - Foundation – BIM Basics, in: FH Kärnten, 2023

[Zarinfar] Zarinfar, T.: BIM 2, in: Wintersemester, FH Kärnten, 2023

[Stempkowski] Stempkowski, R.: MKF-Nachweisführung bei Leistungsstörungen, in: Netzwerk Bau – Fachzeitschrift für Baumanagement & Bauwirtschaft, Nr. 17, 2013

FSC
www.fsc.org
MIX
Papier | Fördert gute Waldnutzung
FSC® C083411

Kolibri 360 GmbH
Ferdinand-Jühlke-Straße 7
99095 Erfurt, Deutschland
produktsicherheit@kolibri360.de

Druck:
CPI Druckdienstleistungen GmbH
im Auftrag der
Kolibri 360 GmbH
Ferdinand-Jühlke-Str. 7
99095 Erfurt